U0343750

好用

PPT
演示高手

诺立教育 编著

机械工业出版社
China Machine Press

图书在版编目（CIP）数据

好用，PPT演示高手 / 诺立教育编著. - 北京：机械工业出版社，2017.12（2018.11重印）

ISBN 978-7-111-58699-9

I. ①好… II. ①诺… III. ①图形软件 – 指南 IV. ①TP391.41-62

中国版本图书馆CIP数据核字（2017）第309560号

　　本书从制作优秀的PPT入手，并通过大量的案例进行解析，让职场人士接到PPT制作任务时，能够轻松整理资料、活用模板，还能辅以漂亮设计，以便在短时间内制作出提升职场竞争力的PPT。

　　本书共8章，分别讲解好理念成就好设计、用主题/母版布局版面、文本的排版与设计、图片对象的编辑与排版、图形对象的编辑与排版、SmartArt图形/表格/图表三大模板、多媒体应用及动画效果实现，以及演示文稿的放映及输出等内容。

　　本书内容全面、结构清晰、语言简练，全程配以图示来辅助读者学习和掌握。本书适合想学PPT制作的人员、职场办公人员阅读，同时经常制作PPT的用户也能从本书获得启发。

好用，PPT演示高手

出版发行：机械工业出版社（北京市西城区百万庄大街22号　邮政编码：100037）

责任编辑：夏非彼　迟振春　　　　　　　　　　　责任校对：孙学南

印　　刷：中国电影出版社印刷厂　　　　　　　　版　　次：2018年11月第1版第2次印刷

开　　本：170mm×240mm　1/16　　　　　　　印　　张：17.5

书　　号：ISBN 978-7-111-58699-9　　　　　　　定　　价：69.00元

　　学习任何知识都是讲究方法的，正确的学习方法能使人快速进步，反之会使人止步不前，甚至失去学习的兴趣。自从大家步入职场后，很多的学习都是被动而为，这已经抹杀学习所带来的乐趣。

　　作为从事多年Office技能培训的一线人员，我们发现Office培训的群体越来越趋向于职场精英，而且数量明显呈上升趋势。这些职场精英在工作中非常努力、干劲十足，上升快，专业技能也很强，但是随着舞台变大，他们发现自己使用Office处理办公事务不够熟练，导致工作效率变低，职场充电势在必行。然而，他们大都没有太多的时间系统地学习Office办公软件，都是"碎片化"的学习，这样往往不能深入理解学习的内容，甚至有些无奈。针对这些想提高自己使用Office办公软件能力的群体，我们结合多年的职场培训经验，精心策划了"好用"系列图书，本系列图书目前有7本，分别如下：

- 《好用，Excel超效率速成技》
- 《好用，Office超效率速成技》
- 《好用，Excel数据处理高手》
- 《好用，Excel函数应用高手》
- 《好用，Excel财务高手》
- 《好用，Excel人事管理高手》
- 《好用，PPT演示高手》

　　本系列图书策划的宗旨就是为了让职场精英在短时间内抓住Office学习的重点，快速掌握学习的方法。本系列图书在结构的安排上既相互关联又各自独立，既能系统学习又能方便读者查阅。在写作手法上轻松不沉闷，能尽量调动读者兴趣，让读者自觉挤出时间，在不知不觉中学到想要学习的知识。

　　作为本系列图书之一，《好用，PPT演示高手》从制作优秀的PPT入手，并通过大量的案例进行解析和推进，让职场人士接到PPT任务时，能够轻松整理资料、活用模板，还能辅以漂亮设计，以便在短时间内制作出提升职场竞争力的PPT。

　　本书适合以下读者：为即将走入职场的人指点迷津，让其成为招聘单位青睐的人才；使已在职的工作人员重新认识PPT——PPT不只是一个将文字、图片和图形堆积在页面上的工具，用好 PPT 可以使演讲者所要表达的信息得到很好的传达，也可以让观众去聚焦演讲内容，进而引发观众的共鸣与思考。

本书内容简洁实用，既不累赘也不忽略重点，在内容编写上有以下几个特点：

- **全程图解讲解细致**：所有操作步骤全程采用图解方式，让读者学习PPT的制作更加直观，这更加符合现代快节奏的学习方式。
- **突出重点解疑排惑**：在内容讲解的过程中遇到重点知识与问题时会以"专家提示""举一反三"等形式进行突出讲解，让读者不会因为某处知识点难理解而产生疑惑，让读者能彻底读懂、看懂，让读者少走弯路。
- **触类旁通直达本质**：日常工作中遇到的问题可能有很多，而且大都不同，事事列举既非常繁杂也无必要。本书在选择问题时注意选择某一类问题，给出思路、方法和应用扩展，方便读者触类旁通。

云下载

本书附赠的 PPT 素材文件、教学视频和 Office 模板文件的下载地址为：

https://pan.baidu.com/s/1i51pjuP（注意区分数字和英文大小写）

如果下载有问题，请电子邮件联系 *booksaga@126.com*，邮件主题为"好用，PPT 演示高手"。

本书由诺立教育策划与编写，参与编写的人员有吴祖珍、曹正松、陈伟、徐全锋、张万红、韦余靖、尹君、陈媛、姜楠、邹县芳、许艳、郝朝阳、杜亚东、彭志霞、彭丽、章红、项春燕、王莹莹、周倩倩、汪洋慧、陶婷婷、杨红会、张铁军、王波、吴保琴等。

尽管作者对本书的范例精益求精，但疏漏之处仍然在所难免。读者朋友在学习的过程中如果遇到难题或者有一些好的建议，欢迎和我们直接通过 QQ 交流群（591441384）进行在线交流。

编 者
2017 年 10 月

前言

第1章 好理念成就好设计

1.1 文本设计原则 ·························2
01 文字尽量避免篇幅过大 ·············2
02 排版文本时关键字要突出设计 ·······3
03 文字排版避免结构零乱 ·············4
04 文本尽量少用过多效果 ·············5
05 文字与背景分离要鲜明 ·············5
1.2 幻灯片色彩搭配 ·····················7
06 颜色的组合原则 ···················7
07 根据演示文稿的类型确定主体色调 ···8
08 配色小技巧——邻近色搭配 ·········9
09 配色小技巧——同色系搭配 ········10
10 配色小技巧——用好取色器借鉴成功作品配色 ···11
1.3 幻灯片布局原则 ····················12
11 整体布局的统一协调 ··············12
12 统一的设计元素 ··················13
13 保持框架均衡 ····················14
14 至少遵循一个对齐规则 ············15
1.4 准备好素材 ························17
15 推荐几个好的模板下载基地 ········17
16 寻找高质量图片有捷径 ············18
17 下载并安装好字体 ················23
18 如何找到无背景的PNG格式图片 ····26

第2章 用主题、母版布局版面

2.1 主题、模板的应用 ································· 30

　01 什么是主题？什么是模板 ····················· 30

　02 应用模板或主题创建新演示文稿 ··········· 33

　03 下载使用网站上的模板 ························· 35

　04 重设主题背景——渐变 ························· 38

　05 重设主题背景——图片 ························· 40

　06 重设主题背景——图案 ························· 42

　07 应用本机中保存的演示文稿的主题 ········· 44

　08 将下载的主题保存为本机内置主题 ········· 46

　09 将下载的演示文稿保存为我的模板 ········· 48

2.2 母版的应用 ····································· 49

　10 母版起什么作用 ······························· 49

　11 在母版中定制统一的幻灯片背景 ············· 52

　12 在母版中定制统一的标题文字与正文文字格式 ··· 53

　13 在母版中定制统一的文本项目符号 ········· 56

　14 为幻灯片定制统一的页脚效果 ··············· 57

　15 在母版中定制统一的LOGO图片 ············· 59

　16 在母版中设计幻灯片统一的页面元素 ······· 60

　17 在母版中设计统一的标题框装饰效果 ······· 62

　18 自定义可多次使用的幻灯片版式 ············· 64

　19 将自定义的版式重命名保存下来 ············· 67

　20 在母版自定义一套主题的范例 ··············· 68

第3章 文本的排版与设计

3.1 文本编辑 ··· 73

　01 根据版式调整占位符的位置与大小 ········· 73

　02 根据排版在任意位置添加文本框 ············· 74

　03 为文本添加项目符号 ··························· 76

　04 为文本添加编号 ······························· 78

　05 排版时调整文本的字符间距 ··················· 79

　06 排版时增加行间距、段间距 ··················· 80

　07 在形状上添加文本突显文本 ··················· 82

08 为幻灯片文字添加网址超链接 ••••••••••••••••••••••••••• 82

09 巧妙链接到其他幻灯片 ••••••••••••••••••••••••••••••••••• 84

10 一次性替换修改文字格式 ••••••••••••••••••••••••••••••• 86

11 "格式刷"快速引用文字格式 •••••••••••••••••••••••••• 87

12 将文本直接转换为SmartArt图形 •••••••••••••••••••• 88

3.2 文本的美化 ••• 89

13 字体其实也有感情色彩 ••••••••••••••••••••••••••••••••• 89

14 特殊文字艺术字效果 ••••••••••••••••••••••••••••••••••••• 91

15 设置填充效果美化文字 ••••••••••••••••••••••••••••••••• 92

16 用轮廓线美化文字 •• 97

17 立体化文字 •• 98

18 以波浪型显示特殊文字 ••••••••••••••••••••••••••••••• 101

19 文本框轮廓线及填充美化 ••••••••••••••••••••••••••••• 103

第4章 图片对象的编辑与排版

4.1 图片的加入与编辑 ••• 107

01 向幻灯片中添加图片 •••••••••••••••••••••••••••••••••••• 107

02 调整图片大小或裁剪图片 ••••••••••••••••••••••••••••• 109

03 把图片裁剪为自选图形外观样式 •••••••••••••••••••• 111

04 从图片中抠图 ••• 112

05 套用图片样式快速美化图片 •••••••••••••••••••••••••• 114

06 图片的边框修整 •• 114

07 提升图片亮度 ••• 116

08 柔化图片边缘 ••• 118

09 增强图片立体感 •• 120

10 提取幻灯片中的图片 •••••••••••••••••••••••••••••••••••• 122

4.2 图片的排版 ••• 123

11 全图型幻灯片 ••• 123

12 图片主导型幻灯片 ••••••••••••••••••••••••••••••••••••••• 124

13 多个小图型幻灯片 ••••••••••••••••••••••••••••••••••••••• 125

14 将多个图片更改为统一的外观样式 ••••••••••••••••• 126

15 多个小图的快速对齐 •••••••••••••••••••••••••••••••••••• 127

16 为多个图片应用SmartArt图形快速排版 ••••••••• 128

第5章 图形对象的编辑与排版

5.1 图形的绘制及编辑 ·································132
  01 从"自选图形"库中选用图形 ·················132
  02 调节图形顶点自由创意样式 ·················135
  03 用好"任意多边形"创意图形 ·················137
  04 "合并形状"很神奇 ·························140
  05 图形的位置、大小调整 ·····················143
  06 精确定义图形的填充颜色 ···················146
  07 渐变填充美化图形 ·························149
  08 轮廓线美化图形 ···························151
  09 设置图形半透明的效果 ·····················153
  10 立体图形效果 ·····························154
  11 图形镜面映像效果 ·························157
  12 为多对象应用统一操作 ·····················158
  13 随心所欲对齐多图形 ·······················159
  14 组合设计完成的多对象 ·····················160

5.2 图形设计范例 ·································162
  15 制作立体便签效果 ·························162
  16 制作逼真球形 ·····························165
  17 制作创意目录 ·····························169
  18 制作立体折角便签效果 ·····················172

5.3 图形辅助页面排版 ·····························174
  19 图形反衬修饰文字 ·························174
  20 图形版面布局 ·····························174
  21 图形点缀辅助页面效果 ·····················175
  22 图形表达数据关系 ·························176

第6章 SmartArt图形、表格、图表三大模块

6.1 用好SmartArt图形 ·····························178
  01 学会选用合适的SmartArt图形 ···············178
  02 默认SmartArt图形不够时可添加 ·············181
  03 重新调整文本级别 ·························182
  04 调整SmartArt图中图形顺序 ·················184
  05 快速更改为另一种SmartArt图形类型 ·········185

06 更改图形为其他自选图形外观 ･･････････････････････････ 186

07 套用样式模板一键美化SmartArt图形 ････････････････････ 187

08 快速提取SmartArt图形中的文本 ･･･････････････････････ 189

09 打散SmartArt图形制作创意图形 ･･･････････････････････ 190

6.2 表格的应用及编辑 ･････････････････････････････････････ 192

10 幻灯片中表格也要美容 ･･････････････････････････････ 192

11 自定义符合要求的表格框架 ･････････････････････････ 194

12 表格行高、列宽的调整 ･･････････････････････････････ 195

13 隐藏/显示任意框线 ･･････････････････････････････････ 197

14 自定义设置不同的框线 ･････････････････････････････ 198

15 自定义单元格的底纹色 ･････････････････････････････ 201

16 自定义表格的背景 ････････････････････････････････････ 203

17 突出表格中的重要数据 ･････････････････････････････ 204

18 复制使用Excel表格 ･･･････････････････････････････････ 205

6.3 图表辅助数据分析 ･････････････････････････････････････ 206

19 几种常用图表类型 ････････････････････････････････････ 206

20 幻灯片图表的美化原则 ･････････････････････････････ 208

21 创建新图表 ･･･ 210

22 修改图表数据或追加新数据 ･････････････････････････ 211

23 快速变更为另一图表类型 ･･･････････････････････････ 212

24 在图表中添加数据标签 ･････････････････････････････ 214

25 隐藏图表中不必要的对象实现简化 ･･･････････････････ 218

26 套用图表样式实现快速美化 ･････････････････････････ 218

27 图表中重点对象的特殊美化 ･････････････････････････ 220

28 将设计好的图表转化为图片 ･････････････････････････ 222

29 复制使用Excel图表 ･･･････････････････････････････････ 222

第7章 多媒体应用及动画效果实现

7.1 插入声音与视频对象 ･････････････････････････････････ 226

01 营造背景音乐循环播放效果 ･････････････････････････ 226

02 设置音乐播放时淡入淡出的效果 ･････････････････････ 227

03 插入视频文件 ･･･････････････････････････････････････ 228

04 设置视频播放窗口的外观 ･･･････････････････････････ 230

05 自定义视频的播放色彩 ･････････････････････････････ 234

06 裁剪音频或视频 ････････････････････････････････････ 234

7.2 切片动画与对象动画 ·· 235
　07 动画的设计原则 ·· 235
　08 为幻灯片添加切片动画 ··· 237
　09 为目标对象添加动画效果 ······································ 240
　10 对单一对象指定多种动画效果 ································· 242
　11 饼图的轮子动画 ··· 243
　12 柱形图的逐一擦除式动画 ······································ 245
　13 动画播放时间的控制 ··· 247
　14 让某个对象始终是运动的 ······································ 249
　15 播放动画时让文字按字、词显示 ······························ 249

第8章 演示文稿的放映及输出

8.1 演示文稿的放映 ··· 252
　01 设置幻灯片自动放映时间 ······································ 252
　02 幻灯片的排练计时 ··· 252
　03 只播放部分幻灯片 ··· 255
　04 放映时任意切换到其他幻灯片 ································· 257
　05 放映时边讲解边标记 ··· 259
　06 放映时放大局部内容 ··· 260
　07 远程同步观看幻灯片放映 ······································ 262
8.2 演示文稿的输出 ··· 262
　08 将设计好的演示文稿批量输出为单张图片 ····················· 262
　09 将设计好的演示文稿打包成CD ································· 264
　10 将设计好的演示文稿转换为PDF文件 ·························· 266
　11 将设计好的演示文稿转换为视频文件 ························· 268
　12 创建PPT讲义 ·· 269

好理念成就好设计

1.1 文本设计原则

01 文字尽量避免篇幅过大

在编辑幻灯片时，对于大段的文字信息要进行有效的删减，保留关键点。因为大段的文字使观众解读程度不一致，或者当观众看见大篇幅的文字时，直接略过，根本不去看它究竟说了些什么。因此在幻灯片中输入文字时一定要注意对重要文字信息的提炼，进而找出关键点，或者对重要的词句加以突出设计，使其更加醒目，从而让观众瞬间抓住重点，同时还可以增强幻灯片的视觉效果。

如图 1-1 所示的幻灯片中有大篇幅文字，观众很难提起兴趣慢慢阅读，更别说能在有限时间中抓住重点。

图 1-1 原效果

对于这样的文本，能删减的尽量删减，实在无法删减的，至少也要提炼出关键点，修改后效果如图 1-2 所示。

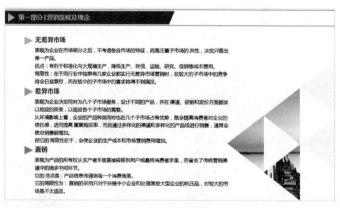

图 1-2 提炼效果

如果内容能够精简，还可以考虑删减部分内容或以建立批注的方式将次要内容呈现出来，如图1-3所示。

还可以压缩文本，转换文本的表达方式，如使文本图示化，如图1-4所示。

图1-3 批注效果　　　　　　　　图1-4 文本图示化效果

02 排版文本时关键字要突出设计

文字表达的信息往往是高度抽象的，人们通过阅读和理解文字，需要将其转换为自己的认知。在这个过程中，就有必要突出关键字以加强观众对重点内容的把握。而在设计文字的时候，并不仅仅是要把文字只更改为一个好字体，而是通过设计让文字既醒目又起到修饰版面的作用。

一般通过以下几种方式来突出关键字。

1. 设置文字效果

设置文字效果的方式有很多种，比如为关键字设置不同于其他内容的颜色、发光、斜体、加粗等效果，如图1-5所示。

2. 加大字号

加大字号也能很好地突出关键字，它能够在视觉上形成字体空间上的差异进而影响观众对内容主次的掌控，如图1-6所示。

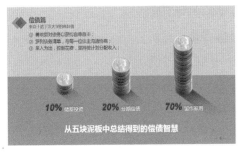

图1-5 设置文字效果　　　　　　　　图1-6 加大字号效果

3. 图形反衬

图形反衬是应用图形编辑功能，为关键字设计出一定形状的图形并让其与文字搭配进而突出关键字，如图1-7所示。

图1-7 图形反衬效果

03 文字排版避免结构零乱

当幻灯片中的文字较多时，如果排版不当就会造成结构零乱，让人抓不住重点。如图1-8所示的幻灯片排版就显然不达标，文字无条理、图片随意放置。

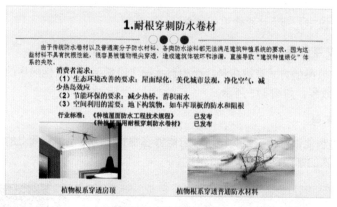

图1-8 文字排版凌乱

要解决幻灯片排版结构零乱的问题，主要可从以下几个方面做起：

- 对文本重新排版并添加项目符号，分清级别，让文本按条目来显示。
- 该对齐的对象要对齐。
- 多图形对象时注意保持统一外观。
- 注意整体布局的均衡，避免头重脚轻。

通过以上几点分析，再对如图1-8所示的幻灯片进行修整，效果如图1-9所示。

图1-9 文字排版整齐

第1章 好理念成就好设计

第2章

第3章

第4章

第5章

第6章

第7章

第8章

04 文本尽量少用过多效果

　　每张幻灯片所表达的内容各不相同，每张幻灯片上的各种不同文字效果的组合一定要符合整篇演示文稿的风格，形成整体的格调和风格，不能风格各异。总的基调应该具有整体上的协调一致，但是局部又要突出对比的特性，于统一之中具有灵动的变化，达到对比、和谐的效果。这样，整篇幻灯片文稿才会给人带来视觉上的美感，符合人们的欣赏心理。

图1-10 过多效果

　　幻灯片是以传递信息为目的，而不是展示你会用多少种效果，不要把胡乱使用多种多样效果应用于幻灯片上，这不是设计与美。因为一篇演示文稿是由多张幻灯片组成，整组幻灯片要具有统一的设计基调，如文字的效果、版面的修饰元素、整体色彩都是统一基调的影响因素。

　　如图1-10所示的幻灯片，明明是同级的文本，却有意夸张地使用多种不同效果，给人带来杂乱无章的感觉。

　　经过修改后的幻灯片如图1-11所示，布局平衡、和谐。

图1-11 效果弱化

05 文字与背景分离要鲜明

　　使用大图作为背景是幻灯片设计中一种较为常见的方式，如果采用这种设计一定要注意文字与背景搭配合理，即不能忽略了图片的作用，又不能让文字主体看不清。这种设计有三个注意点及处理方式。

（1）要注意图片的选择与文字的颜色，如图 1-12 所示的幻灯片中文字的颜色不合格，背景采用深色，文字也采用深色，并且字体过小，与背景分离不突出。

图 1-12 文字与背景分离不当

合理的做法是尽量设置背景为单一色彩，这样就避免了文字与不同背景色产生色彩冲突。坚持深色背景使用浅色文字，浅色背景使用深色文字这一原则，如图 1-13 所示，更改了文字颜色，效果达标。

图 1-13 文字与背景分离鲜明

（2）很多时候会使用图形来制作文字编辑区，这样就能够突出文本，同时也能使背景元素更丰富，如图 1-14 所示。

图 1-14 图形反衬效果

（3）还可以使用半透明图形覆盖图片，这样就能弱化背景的色彩强烈效果，如图 1-15 所示的幻灯片。

图 1-15 图形衬托效果

好用·PPT 演示高手

1.2 幻灯片色彩搭配

06 颜色的组合原则

在日常生活中，随处可见与色彩相关的产品设计，比如服装、家居装饰、户外广告等。产品色彩的设计可以给人造成视觉上的冲击，能否在瞬间抓住人的眼球、给人美的心理感受，颜色的搭配起到了决定性的作用。

色彩的效果主要取决于颜色之间的相互搭配，根据不同的目的性，按照一定的原则进行组合，而色彩总的应用原则应该是"总体协调，局部对比"，即主页的整体色彩效果应该是和谐的，只有局部的、小范围的地方可以有一些强烈色彩的对比。接下来介绍几种色彩给人带来的心理感受。

1. 暖色调

暖色调，即红色、橙色、黄色、褐色等色彩的搭配。这种色调的运用，可以使页面呈现温馨、和煦、热情的氛围，如图 1-16 所示的幻灯片。

图 1-16 暖色组合范例

2. 冷色调

冷色调，即蓝色、青色、绿色、紫色等色彩的搭配。这种色调的运用，可以使页面呈现宁静、清凉、高雅的氛围，如图 1-17 所示的幻灯片。

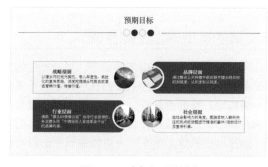

图 1-17 冷色组合范例

3. 对比色调

对比色调，即把色相完全相反的色彩搭配在同一个空间里，例如红与绿、黄与紫、橙与蓝等。这种色彩的搭配，可以产生强烈的视觉效果，搭配合适会给人眼前一亮的感觉，如图 1-18 和图 1-19 所示的幻灯片。

图 1-18 对比色调

图 1-19 对比色调

当然，对比色调如果用得不好，会适得其反，产生俗气、刺眼的不良效果。这就要把握"大调和，小对比"这一个重要原则，即总的色调应该是统一和谐的，局部的地方可以有一些小的强烈对比，让幻灯片在整体上具备统一的色感。

07 根据演示文稿的类型确定主体色调

在色彩的运用上，可以根据演示文稿内容的需要，采用相应的主色调。因为色彩具有职业的标志色，例如军警的橄榄绿、医疗卫生的白色、金融行业的黄金色等。色彩还具有明显的心理感觉，例如冷、暖的感觉等。充分运用色彩的这些特性，可以使制作的幻灯片具有深刻的艺术内涵，从而提升其文化品位，因而在确定幻灯片主体色调时要考虑到这些方面的因素。如果没有特殊的要求，可以依据视觉的舒适度合理搭配并组合使用颜色。

如图 1-20、图 1-21 所示的两组幻灯片是根据幻灯片的类型合理选用的配色。

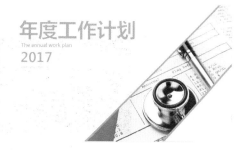

图 1-20 配色范例

图 1-21 配色范例

08 配色小技巧——邻近色搭配

邻近色就是在色带上相临近的颜色，例如绿色与蓝色、红色和黄色等。因为邻近色色相性质相同，只是在色度上有深浅之分，色相间色彩倾向相似，冷色组或暖色组都较明显，色调统一和谐、感情特性一致，所以用邻近色搭配设计 PPT 可以避免色彩杂乱，易于达到页面的和谐统一。从如图 1-22 所示的调色板中可以看到相邻的颜色为邻近色。

如图 1-23 和图 1-24 所示的幻灯片为使用邻近色进行搭配的效果，颜色和谐统一，整体效果协调不突兀。

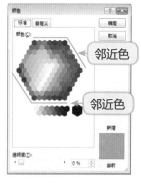

图 1-22 颜色调色板

图 1-23 邻近色搭配

图 1-24 邻近色搭配

09 配色小技巧——同色系搭配

同色系是指在某种颜色中，加白色明度就会逐渐提高，加黑色明度就会变暗，即改变明度就能得到不一样的色调。从如图 1-25 所示的调色板中可以看到同一颜色的明暗变化。

在幻灯片中使用同色系，在视觉上会显得比较单纯、柔和、协调，没有冲击感，这种配色技巧比较容易为初学者所掌握。如图 1-26 和图 1-27 所示，都是使用同色系搭配的幻灯片例子。

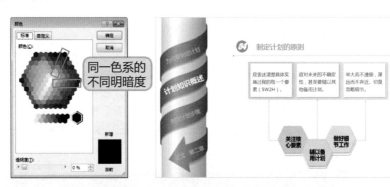

图 1-25 "颜色"对话框   图 1-26 同色系搭配

图 1-27 同色系搭配

合理的配色是提升幻灯片质量的关键所在，但若非专业的设计人员，往往在配色方面达不到令人满意的效果。在 PowerPoint 2016 中为用户提供了"取色器"这项功能，即当你看到某个较好的配色效果时，可以使用"取色器"快速拾取它的颜色，从而为自己的设计进行配色，这为初学者配色提供了很大的便利。

在 "形状填充" "形状轮廓" "文本填充" "背景颜色" 等涉及颜色设置的功能按钮下都可以看到有一个"取色器"命令，因此当涉及引用网络上的完善配色方案时，可以借助此功能进行色彩提取。具体操作步骤如下。

① 将所需要引用其色彩的图复制到当前幻灯片中来(先暂时放置,用完之后再删除)，如图 1-28 所示。

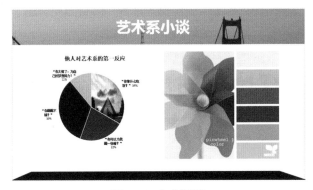

图 1-28 复制图片

② 选中需要更改色彩的图形，比如显示扇形的下方形状，然后在"格式"选项卡的"形状样式"组中单击"形状填充"下拉按钮，在打开的下拉列表中单击"取色器"命令，如图 1-29 所示。

③ 此时鼠标指针变为类似于笔的形状，将笔移到想取其颜色的位置，就会拾取该位置下的颜色，如图 1-30 所示。

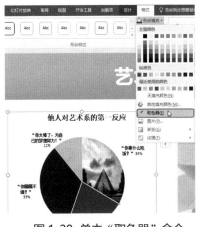

图 1-29 单击"取色器"命令　　　　图 1-30 拾取颜色

④ 确定填充颜色后，单击鼠标左键，即可完成对颜色的拾取，如图 1-31 所示。当所有颜色拾取完成后，删除为引用颜色而插入的图片即可。

图 1-31 整体效果

1.3 幻灯片布局原则

11 整体布局的统一协调

无论是工作型的 PPT，还是娱乐型 PPT，其设计的过程都要遵循一条主线，一般以文本的形式展开，再以图形、图片作为辅助。完整的幻灯片是一个整体，所以在幻灯片中表现信息的手法要保持一致，从而达到布局协调的效果。

布局协调不仅要求过渡页间、内容页间具有类似的合成元素，并且演示文稿中文字的色彩、样式、效果也应该保持统一，这样才会让演示文稿具有整体感，也符合人们的视觉习惯，而且整体主题风格的统一也能够让观众更容易进入观看幻灯片状态，而不会受更多的突入元素的干扰影响。如图 1-32 和图 1-33 所示都是画面效果统一的幻灯片。

图 1-32 布局范例

图 1-33 布局范例

12 统一的设计元素

对于一个空白的演示文稿一般都需要使用统一的页面元素进行布局，例如在顶部或底部添加图形、图片进行装饰，这是幻灯片组成的一部分，一般起到点缀美化的作用。

统一的页面元素并不是说所有幻灯片的页面元素完全一致，而是它们应用相同风格元素，比如色调统一、形状统一，但排列方式有所差异反而会增加幻灯片的灵动性。

例如在如图 1-34 所示的演示文稿中，节标题幻灯片统一采用蓝色矩形作为修饰，而在内容幻灯片中，标题框采用统一的修饰性图形，并添加了企业的 LOGO 标志。

图 1-34 页面设计范例

从图 1-35 所示的演示文稿中可以看到幻灯片具有统一的色彩风格，节标题幻灯片采用全图幻灯片效果，其他内容幻灯片使用相同的背景与相同的标题修饰元素。

第 1 章 好理念成就好设计

第 2 章
第 3 章
第 4 章
第 5 章
第 6 章
第 7 章
第 8 章

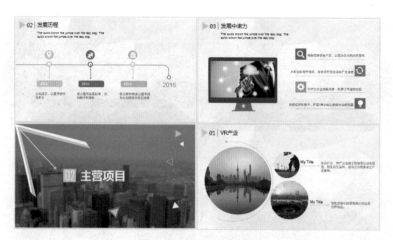

图 1-35 页面设计范例

13 保持框架均衡

　　一张完整的幻灯片中通常包含的元素有图片、图形与文字。当幻灯片过于突出标题或图片、图形时，就会破坏整体的设计均衡感，因此在对幻灯片元素进行布局时，需要通过不断地调整以使文字与图片协调，从而使画面平衡而不失美感。

　　如图 1-36 所示的幻灯片效果过于突出背景，文字效果弱化，接下来通过添加形状以衬托文字，如图 1-37 所示，达到了背景与文字的平衡。

图 1-36 框架失衡

图 1-37 框架平衡

14 至少遵循一个对齐规则

一篇演示文稿有时候会包含多个元素，甚至元素之间相互叠加，这时在排列幻灯片元素时就要考虑到元素之间的对齐方式。对齐是一种强调，能让元素间、页面间增强结构性；对齐还能实现调整个画面的秩序和方向。若元素无序排放，就不能清晰地表达观点。

各元素在对齐方式上有标题水平居中、同级对齐、横向分布等。如图 1-38 所示的幻灯片与图 1-39 所示的幻灯片，二者在元素构成上没有任何差别，只是图 1-38 不注意同类元素的对齐，图 1-39 注意了元素对齐排列，其工整效果显而易见。

图 1-38 元素不齐

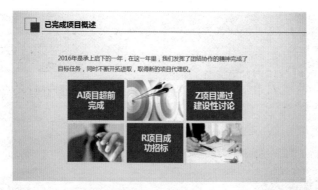

图 1-39 元素整齐

也可以将图 1-38 所示的幻灯片排列成如图 1-40 所示的效果，即无论哪种效果，都应当时时考虑到元素的对齐。

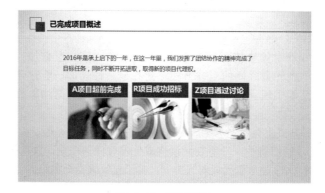

图 1-40 元素整齐

对齐有左对齐、右对齐、居中对齐等，无论哪种对齐方式，我们至少要让多元素间有"距"可循。如图 1-41 所示的幻灯片，有图表、图片和文字，还有不同级别的标题，元素是比较多的，但在布局上就比较规整，给人十分专业的设计感。

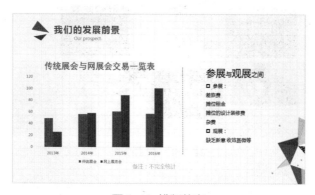

图 1-41 排版整齐

1.4 准备好素材

15 推荐几个好的模板下载基地

模板或主题在幻灯片设计中扮演了一个很重要的角色，因为模板或主题约定了幻灯片的整体风格。当个人设计不够专业时，我们通常都是采用网络下载的方式获取，然后再根据自己的需要进行局部修改，这样幻灯片的制作就相对简单多了。例如站长 PPT、扑奔 PPT 等中都提供了众多 PPT 模板。

1. 站长 PPT（**http://sc.chinaz.com/**）

打开浏览器，输入网址"http://sc.chinaz.com/"，进入站长 PPT 官网主页面，可通过在搜索框中输入搜索关键词进行针对性的查找，比如"商务 PPT"，如图 1-42 所示。

图 1-42 搜索模板

2. 扑奔 PPT（**http://www.pooban.com/**）

打开浏览器，输入网址"http://www.pooban.com/"，进入主页面，在主页面单击"PPT 模板"选项，主页面 PPT 排放区显示 PPT 模板（在搜索导向框中输入要使用的 PPT 模板类型），如图 1-43 所示。

图 1-43 展开模板

下载模板的操作步骤在第 2 章中会详细地介绍，当然也要考虑模板的商业用途以及版权问题。

专家提示

16 寻找高质量图片有捷径

图片是增强幻灯片可视化效果的核心元素。在幻灯片设计中使用图片要匹配主题，能说明问题。幻灯片对图像精度等也有要求，因此在制作幻灯片时需要寻找大量图片。PPT 中的背景和素材图片一般都是 JPG 格式的，JPG 格式是图像最常用的一种格式，网络图片基本都是这种格式，其特点是图片资源丰富、压缩率高、节省存储空间，只是图片精度有限，在放大操作时图片的清晰度会下降。

所以在选用此类图片时要注意以下几点：

（1）图片要有足够的精度，杜绝马赛克或模糊不清、低分辨率；

（2）图片要与页面主题匹配，能说明问题；

（3）图片要有适当的创意，创意是美的基础上的更高层次，是让人过目不忘的根本。

那么该如何才能找到满足条件的图片呢？下面推荐几个寻找高质量图片的去处。

1. 百度图片（http://image.baidu.com/）

多数用户寻找图片都会使用百度图片工具，因为它是我们手边最方便使用的工具，可以利用搜索的方式快速找到图片。

① 打开浏览器，输入网址"http://image.baidu.com/"，进入主页面，如图 1-44 所示。

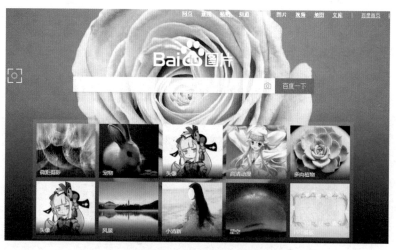

图 1-44 百度图片页面

② 在搜索导向框中输入要使用的图片关键词，比如"商务"，进行搜索，即显示出大量与商务相关的图片，如图 1-45 所示。

图 1-45 查找图片

③ 打开目标图片，在图片上单击鼠标右键，在弹出的快捷菜单中单击"图片另存为"命令（如图 1-46 所示），设置好图片的保存位置，保存后即可使用。

图 1-46 下载图片

也可以直接在右键快捷菜单中单击"复制图片"命令，然后切换到幻灯片中，直接执行粘贴操作即可将图片直接粘贴到幻灯片中，再调整使用。

专家提示

2. 素材中国 (http://www.sccnn.com/)

① 打开浏览器，输入网址"http://www.sccnn.com/"，进入主页面，如图 1-47 所示。

第一章 好理念成就好设计

第2章

第3章

第4章

第5章

第6章

第7章

第8章

图 1-47 图片页面

② 在搜索导向框中输入要使用的图片关键词,比如"弧线"(如图 1-48 所示),单击"搜索"按钮,即显示出大量与弧线相关的图片,如图 1-49 所示。

图 1-48 输入关键词

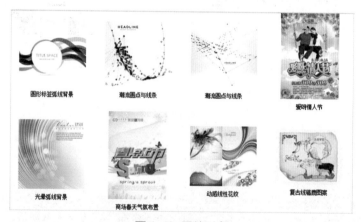

图 1-49 图片列表

③ 单击目标图片将图片打开,在图片上单击鼠标右键,在弹出的快捷菜单中单击"图片另存为"命令,自定义设置保存地址,保存完成后即可使用。

3. 昵图网 (http://www.nipic.com/index.html)

① 打开浏览器,输入网址"http://www.nipic.com/index.html",进入主页面,如图 1-50 所示。

图 1-50 图片页面

② 可以在搜索框中输入要使用的图片关键词，如：商务，接着单击右侧"搜索"按钮（如图 1-51 所示），此时便进入到与"商务"相关的所有图片页面，如图 1-52 所示，也可以在搜索框下拉列表中选择相关的关键词。

图 1-51 输入关键词

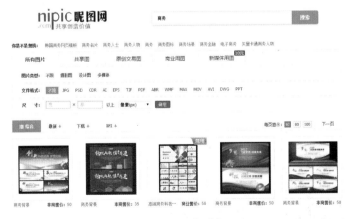

图 1-52 图片列表

③ 用户也可以在素材主体部分按照用户搜索关键词导向查找所需素材，比如"设计图库"中"文化艺术"（如图 1-53 所示），即可进入与文化艺术相关的所有图片页面，如图 1-54 所示。

图 1-53 直接单击关键词查找

图 1-54 图片列表

专家提示

昵图网的图片资源是比较丰富的,而且按照"设计图库""摄影图库"和"多媒体库"(如图 1-55 和图 1-56 所示)进行分类导向,以供用户下载使用。

图 1-55 图片类型导向

图 1-56 图片类型导向

文字是幻灯片表达核心内容的重要载体，不同的字体带有不同的感情色彩，所以在幻灯片中使用好字体既可以更贴切地表达内容又能美化幻灯片的整体页面效果。软件自带字体有限，我们可以利用网络资源，下载丰富字体。

1. 模板王（http://fonts.mobanwang.com/200908/4977.html）

① 打开浏览器，输入网址"http://fonts.mobanwang.com/"，进入主页面，当将鼠标指针定位到"字体"字样时，就会弹出活动列表，在列表区域单击选中的"昆仑字体"，如图 1-57 所示。

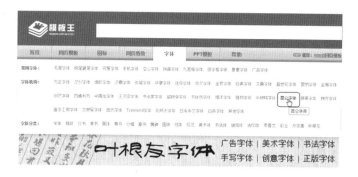

图 1-57 单击字体

② 单击该字体后，跳转到昆仑字体下各细分字体，本例单击"昆仑宋体"，如图 1-58 所示。

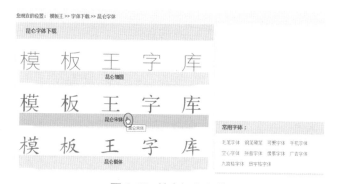

图 1-58 单击细分字体

③ 单击该字体后，跳转到"昆仑宋体"的下载地址，单击"点击此处进行下载"链接，如图 1-59 所示。

图 1-59 单击下载链接

④ 此时便新建下载任务，在"新建下载任务"对话框中设置保存路径方便安装字体，再单击"下载"按钮（如图 1-60 所示），此时便进入后台下载。

图 1-60 设置保存

⑤ 下载完成后，在计算机的保存位置找到文件（以安装包形式存在），单击该文件就可以弹出"昆仑宋体"安装包对话框，单击"解压到"按钮，如图 1-61 所示，然后弹出文件保存设置提示框，保持存储位置不变即可。

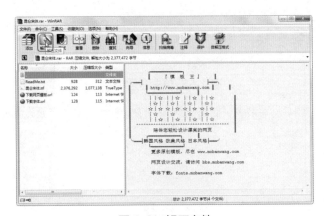

图 1-61 解压文件

⑥ 此时可在同一位置处找到文件（以文件夹形式存在），打开文件夹中字体文件（包含阅读提示文件），此时便弹出"昆仑字体"安装对话框，单击"安装"按钮即可（如图1-62所示），随后弹出安装提示（如图1-63所示），提示完成后，在PPT中即安装好该字体。

图1-62 安装文件

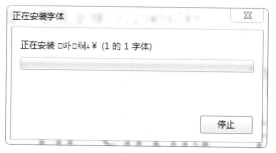

图1-63 正在安装提示

2. 找字网（http://www.zhaozi.cn/）

① 打开浏览器，输入网址"http://www.zhaozi.cn/"，进入找字网主页面，鼠标指针指向"PC字体"字样，弹出字体列表框，单击需要下载的字体，如图1-64所示。

图1-64 页面

第1章 好理念成就好设计

第2章
第3章
第4章
第5章
第6章
第7章
第8章

② 单击该字体后进入下载页面（如图 1-65 所示），完成下载后即可使用。

图 1-65 可下载链接

18 如何找到无背景的 PNG 格式图片

在 PPT 中除了常用 JPG 格式图片外，还有一种格式的图片也是十分常用的，就是 PNG 格式的图片。PNG 格式图片我们一般称为 PNG 图标。PNG 图标天生就属于商务风格，与 PPT 风格较接近，通常作为 PPT 里的点缀素材，很形象、很好用。

PNG 图片有以下三个特点。

- 清晰度高；
- 背景一般透明；
- 与背景很好融合；文件较小。

1. 千库网（http://588ku.com/）

① 打开浏览器，输入网址"http://588ku.com/"，进入主页面，如图 1-66 所示。

图 1-66 图片页面

② 可以通过搜索推荐逐步打开需要的图片（如图 1-67 所示），也可以直接在搜索框中输入关键字，然后单击"搜元素"按钮进行搜索，如图 1-68 所示。

图 1-67 搜索推荐

图 1-68 关键词查找

③ 单击目标图片打开下载界面，单击"下载 PNG"按钮（如图 1-69 所示），会提示可以使用社交账号登录即可免费下载（如 QQ 或微信账号登录）（如图 1-70 所示），下载完成后即可使用。

图 1-69 单击"下载 PNG"按钮   图 1-70 登录账户

④ 下载图片后，将其应用到幻灯片中可以看到的是无背景的 PNG 图片格式，如图 1-71 所示。

图 1-71 下载成功

第一章 好理念成就好设计

第 2 章

第 3 章

第 4 章

第 5 章

第 6 章

第 7 章

第 8 章

2. 千图网 (http://www.58pic.com/)

① 打开浏览器，输入网址"http://www.58pic.com/"，进入主页面，如图 1-72 所示。

图 1-72 图片页面

② 在搜索框中输入"高清 PNG"，然后单击"搜全站"或者"搜原创"按钮即可搜索出 PNG 图结果列表，如图 1-73 所示。

图 1-73 可下载图片

第 2 章

用主题、母版布局版面

2.1 主题、模板的应用

01 什么是主题？什么是模板

对于很多读者而言，我们时刻在使用着主题与模板，但却未真正探寻过其作用。了解了主题和模板原理则可以让我们对主题与模板的使用更加得心应手。

1. 主题

所谓主题是用来对演示文稿中所有幻灯片的外观进行匹配的一个样式，比如让幻灯片具有统一的背景效果、统一的修饰元素和统一的文字格式等。默认创建的演示文稿采用的是空白页，当应用了主题后，无论新建什么版式的幻灯片都会保持统一的风格。

① 打开演示文稿，在软件界面的"设计"选项卡的"主题"组中单击"⌄"按钮（如图 2-1 所示），显示软件内置的所有主题，如图 2-2 所示。

图 2-1 单击"⌄"按钮

图 2-2 显示软件内置的所有主题

② 在列表中单击想使用的主题，即可依据此主题创建新演示文稿（如图 2-3 所示）。从创建的演示文稿中可以看到整体配色与修饰元素，以及文字的字体格式等。

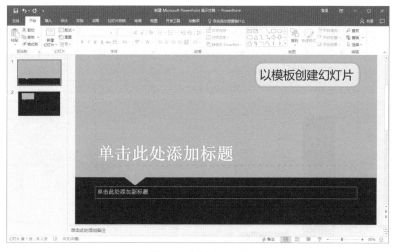

图 2-3 创建幻灯片

2. 模板

模板是 PPT 的骨架，它设定了幻灯片整体设计风格，包括使用哪些版式、使用什么色调，使用什么图片、图形作为设计元素等，因此我们说模板包含主题，主题是组成模板的一个元素。除此之外，模板还可以包括封面页、目录页、过渡页、内页、封底等这些设计好的版式。因此套用模板后，则可以根据自己要创建的幻灯片填入相应内容，然后补充设计即可。

如图 2-4 所示为一套模板，可以看到模板中不但包括主题元素，同时也设计好一些版式。用户在进行演示文稿的制作时，可以根据实际需要对模板进行套用或局部更改。

图 2-4 下载的模板

第 1 章

第 2 章 用主题、母版布局版面

第 3 章

第 4 章

第 5 章

第 6 章

第 7 章

第 8 章

举一反三

软件中也内置了一些模板或主题，但其效果并不太好，需要了解如何找到并套用的方法即可。在主选项卡中单击"文件"选项卡，在窗口中单击"新建"命令，在右侧列表中显示有 Office 模板或主题（如图 2-5 所示）。单击选中的模板后（如图 2-6 所示），在弹出的窗口中单击"创建"按钮即可进行创建。

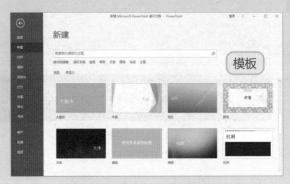

图 2-5 内置了一些模板或主题

图 2-6 创建模板

还有一种寻找模板的途径，就是在线搜索 office online 上的联机模板与主题，在搜索框中输入搜索关键字，单击后面的""按钮，即可显示该关键字下所有主题，如图 2-7 所示。

图 2-7 根据关键词查找模板

3. 为什么要应用主题或模板

使用系统默认创建的演示文稿是空白文稿，没有对页面效果、整体布局及内容进行编辑，而通过应用主题或模板就不同，主题与模板不但提供了完善的配色方案、页面布局元素，还有相关的版式，那么应用起来可想而知要简单很多了。应用主题或模板可以达到如下效果。

• 节约时间

应用主题或模板的幻灯片对背景样式、字体格式、版面布局及装饰效果等都有定义，可以立即获取半成品的幻灯片。通过套用主题，可以省去设计的麻烦，节省时间，如图2-8所示。

• 弥补专业设计不足

PPT演示文稿广泛应用于日常办公中，因此无论你就职于哪一个工作岗位，都可能遇到制作PPT的工作，不能一遇到这样的问题就找别人帮忙，找专业人士设计，更多的时候是需要我们自己信手拈来。但配色不协调、布局不合理、装饰效果不搭调等这些问题也时常遇到，这时下载并套用主题或模板则是不错的选择。

图2-8 套用模板效果

现在网络资源丰富，下载主题，获取思路，在不断模仿的过程中不断提高自己的设计水平。在第1章中已经为读者推荐了一些较好的主题模板下载基地，我们常说要学会不在行的东西，最有效的办法就是从模仿开始。模仿的过程也是我们不断学习与自我调整的过程，如图2-9所示为下载的模板。

图2-9 模板效果

02 应用模板或主题创建新演示文稿

在启用PPT程序时就创建了新演示文稿，不过它是一个无任何主题的空白演示文稿。而在启动程序时，也可以直接选用模板或主题创建新演示文稿。具体操作步骤如下。

① 在任务栏左下角单击"开始"按钮，在弹出的菜单中单击"PowerPoint 2016"命令，首先进入的是在线模板或主题窗口，如图2-10所示。

图 2-10 选中模板

② 单击目标模板，弹出窗口，单击"创建"按钮，打开 PowerPoint 启动界面，界面右上角还提供了各种配色方案以供选择，如图 2-11 所示。

图 2-11 设置模板

③ 选择后单击"创建"按钮，即可以用选中的模板和配色方案创建新演示文稿，如图 2-12 所示。

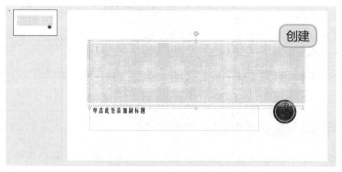

图 2-12 以模板创建新演示文稿

新建的演示文稿无论编辑有没有结束，建议先保存到目标位置上，后期再打开时则进入保存位置中打开演示文稿即可。单击左上角的"回"按钮（如图2-13所示），进入到窗口，单击"浏览"选项（如图2-14所示），打开"另存为"对话框（如图2-15所示）。在此对话框中可设置文件的保存位置及保存文件名，最后单击"保存"按钮即可。

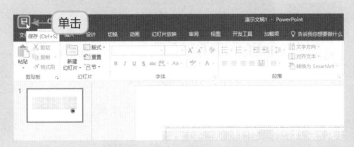

图 2-13 单击"保存"按钮

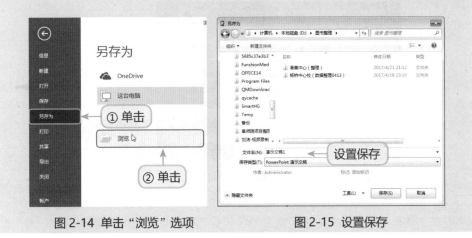

图 2-14 单击"浏览"选项　　　　　　　　图 2-15 设置保存

03 下载使用网站上的模板

无论是选择套用程序内置的主题和模板还是应用下载来的主题和模板，都要首先分析本演示文稿的演讲主题、应用环境、面对观众等因素，从而确定相对匹配的主题风格。设计风格与内容不匹配、随意乱搭，也是 PPT 设计中的一大忌。

如果对设计的美感要求比较高，一般会选择使用网络 PPT 资源。如图 2-16 所示为在扑奔网站上下载的"梦幻 2017 商务 PPT 模板 IOS 风格"模板。

图 2-16 下载的模板

① 打开"扑奔网"网页，在主页上方搜索导航框内输入"商务 PPT"，单击"🔍"按钮，如图 2-17 所示。

图 2-17 输入关键词查找模板

② 打开"商务 PPT"搜索列表（如图 2-18 所示），单击"梦幻 2017 商务 PPT 模板 IOS 风格"模板，弹出"梦幻 2017 商务 PPT 模板 IOS 风格"网页，单击"立即下载"按钮，如图 2-19 所示。

图 2-18 选中并单击模板

图 2-19 单击"立即下载"按钮

❸ 单击"下载地址"超链接，设置好下载模板存放的路径，如图 2-20 所示。

图 2-20 设置保存

❹ 单击"下载"按钮，下载完成后，即可打开下载的模板并使用。

举一反三

扑奔网中的 PPT 模板大多偏商务性，我们可以直接进入到 PPT 模板列表中进行选择。

（1）在"扑奔网"主页上方单击"PPT 模板"，即可搜索到批量模板，如图 2-21 所示。

图 2-21 在 PPT 模板中选择

（2）在列表中单击目标模板后进行下载，操作步骤与上文一样。

第1章
第2章 用主题、母版布局版面
第3章
第4章
第5章
第6章
第7章
第8章

04 重设主题背景——渐变

　　背景颜色就是指幻灯片背景处的颜色,它可以是纯色的,也可以是渐变色,还可以将图片设置为背景。

　　如图 2-22 所示为默认的背景色,图 2-23 是背景设置渐变填充后的效果。

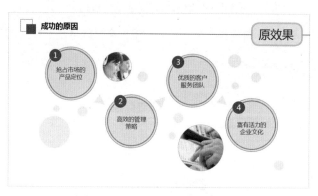

图 2-22 原背景效果

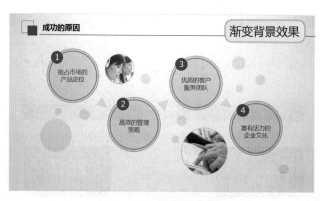

图 2-23 渐变背景效果

　　❶ 在"设计"选项卡的"自定义"组中单击"设置背景格式"按钮(如图 2-24 所示),打开"设置背景格式"右侧窗格。

图 2-24 单击"设置背景格式"按钮

②在"填充"栏中选中"渐变填充"单选按钮。先在"预设渐变"的列表中选择"顶部聚光灯 - 个性色 5"的渐变类型，然后通过"🔘"或"🔘"按钮在"渐变光圈"上保留三个点。渐变光圈的颜色首先与所选择的预设渐变一致。如果要改变颜色，则选中目标光圈，然后单击"🖌"下拉按钮，即可重新设置此光圈的颜色。本例设置为"白色"到"浅白色"的渐变填充，拖动光圈在横条上的位置可以控制每种颜色的渐变区域，如图 2-25 所示。

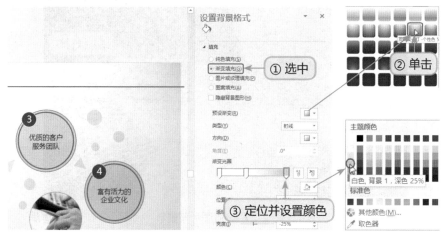

图 2-25 设置渐变格式

③单击"关闭"按钮关闭"设置背景格式"窗格，即可为当前的幻灯片背景设置渐变填充，达到如图 2-23 所示的效果。

举一反三

当选中某张幻灯片并为其设置背景效果时，默认只将效果应用于当前的幻灯片，如果想让所设置的效果应用于当前演示文稿中所有的幻灯片，则可以按如下方法进行操作。

打开"设置背景格式"右侧窗格，在设置主题背景后，单击"全部应用"按钮（如图 2-26 所示），此时即可将当前设置的背景应用于当前演示文稿的所有幻灯片。

图 2-26 单击"全部应用"按钮

图片在幻灯片编辑中的应用是非常广泛的，除了作为配图使用，也经常会作为背景使用。可以根据当前演示文稿的表达内容、主题等来选用合适的图片作为背景，如图2-27所示。

图 2-27 设置图片背景

① 在"设计"选项卡的"自定义"组中单击"设置背景样式"按钮，打开"设置背景格式"右侧窗格。

② 在"填充"栏中选中"图片或纹理填充"单选按钮，单击"文件"按钮（如图2-28所示），打开"插入图片"对话框。

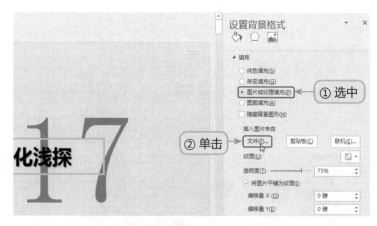

图 2-28 单击"文件"按钮

③ 找到图片所在的路径并选中，单击"插入"按钮（如图2-29所示），即可将选中的图片应用为演示文稿的背景，根据背景风格再更改部分文本字体和颜色即可。

图 2-29 选中目标图片

举一反三

当所选择的图片作为背景掩盖主体内容时，我们可以为图片设置半透明效果，如图 2-30、图 2-31 所示为设置背景图片半透明前后的效果。

图 2-30 原图片背景效果

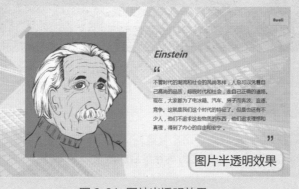

图 2-31 图片半透明效果

第 1 章
第 2 章 用主题、母版布局版面
第 3 章
第 4 章
第 5 章
第 6 章
第 7 章
第 8 章

选择图片作为背景后，打开"设置背景格式"右侧窗格，拖动"透明度"滑块设置透明度（如图 2-32 所示），此时可以根据背景的特点重设文字格式。

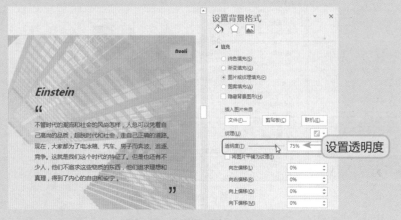

图 2-32 设置透明度

举一反三

如果有好的背景图片，我们也可以保存起来作为以后备用的素材。

右击幻灯片背景（如果幻灯片中包含了占位符、文本框、图形等对象时，注意要在这些对象以外的空白处单击鼠标右键），在弹出的快捷菜单中选择"保存背景"命令，如图 2-33 所示。

图 2-33 保存背景格式

06 重设主题背景——图案

除了为幻灯片设置渐变背景、图片背景外，还可以使用图案填充。如图 2-34 所示为默认背景色，如图 2-35 所示为设置图案背景后的效果。

图 2-34 原背景效果

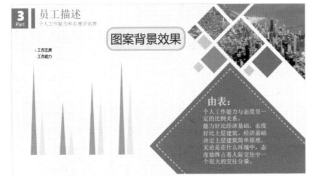

图 2-35 图案背景效果

① 在"设计"选项卡的"自定义"组中单击"设置背景样式"按钮，打开"设置背景格式"右侧窗格。

② 在"填充"栏中选中"图案填充"单选按钮，在"图案"列表中选择"大网格"样式，并重置前景色（背景色也可以按需要重置），如图 2-36 所示。

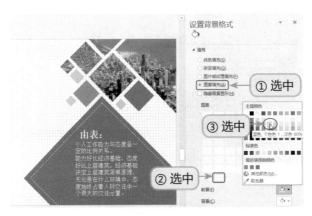

图 2-36 设置图案格式

③ 单击"关闭"按钮，即可完成图案背景的设置。

设置了主题的背景样式后如果不想再使用，可以快速将其还原到初始状态。在"设计"选项卡的"变体"组中单击"⬇"（"其他"）按钮，在打开的下拉菜单中单击"背景样式"→"重置幻灯片背景"命令（如图2-37所示）即可。

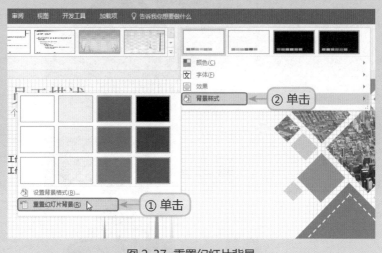

图 2-37 重置幻灯片背景

07 应用本机中保存的演示文稿的主题

新建幻灯片时，除了使用主题库中的主题、下载的主题外，如果本机中保存的幻灯片的主题正好符合设计要求，也可以为当前演示文稿快速套用它的主题。

如图2-38所示的演示文稿封面页应用了内置主题，现在想为它重新应用本机中某演示文稿的主题。

图 2-38 原应用主题

❶ 在"设计"选项卡的"主题"组中单击"⬇"按钮，在展开的下拉菜单中单击"浏览主题"命令，如图2-39所示。

图 2-39 单击"浏览主题"命令

❷ 打开"选择主题或主题文档"对话框，选择要使用其主题的演示文稿，如图 2-40 所示。

图 2-40 选中主题

❸ 单击"应用"按钮，即可将该演示文稿的主题应用于当前幻灯片中，因此之前的空白演示文稿便有了应用主题效果，如图 2-41 所示。

图 2-41 应用保存的主题

第1章

第2章 用主题、母版布局版面

第3章

第4章

第5章

第6章

第7章

第8章

专家提示 保存的演示文稿主题设置效果是在幻灯片母版制作中才能应用到其他演示文稿中。母版的操作在后文讲到。

08 将下载的主题保存为本机内置主题

在前面我们说到 PPT 程序内置了一个主题库，对于经常使用 PPT 的用户来说，一定能体会到这个主题库中提供的主题设计效果一般很难满足现如今商务幻灯片的设计要求。那么主题库并非无用，它实际为我们提供了一个仓库，虽然我们不想提取仓库中原有的东西，但是可将新的东西存入仓库。因此我们可以将日常遇到的好的主题保存至此，以方便后期再使用。

如图 2-42 所示，想将此幻灯片的主题保存到主题库中。

图 2-42 下载的主题

① 在"设计"选项卡的"主题"组中单击"⋮"按钮，在展开的下拉菜单中单击"保存当前主题"命令（如图 2-43 所示），打开"保存当前主题"对话框。

图 2-43 单击"保存当前主题"命令

好用·PPT演示高手

② 设置文件的保存路径及保存名，也可以使用默认保存设置，如图 2-44 所示。

图 2-44 设置保存

③ 单击"保存"按钮即可保存成功。

④ 完成上面的操作后，当前演示文稿的主题就可以显示在"主题"菜单中了（如图 2-45 所示）。如果有空白的演示文稿需要套用这个主题，单击此"主题"即可套用了，效果如图 2-46 所示。

图 2-45 保存成功

图 2-46 应用主题

第 1 章

第 2 章 用主题、母版布局版面

第 3 章

第 4 章

第 5 章

第 6 章

第 7 章

第 8 章

如果对程序内置的主题列表效果不满意，可以将自己下载的主题或设计的主题保存到主题库中方便日后套用。

专家提示

09 将下载的演示文稿保存为我的模板

如果对下载的演示文稿或模板效果满意，则可以将其保存到"我的模板"中。保存模板后，此模板可以随时调用，然后可以依据此模板创建新的演示文稿。需要保存为模板的演示文稿如图 2-47 所示。

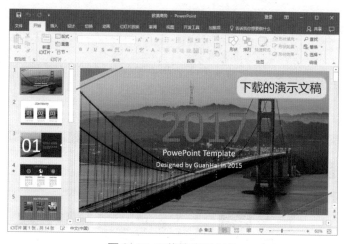

图 2-47 下载的演示文稿

❶ 单击"文件"选项卡，在窗口中单击"另存为"命令，然后单击右侧的"浏览"按钮，打开"另存为"对话框。

❷ 在"保存类型"下拉列表框中选择"PowerPoint 模板"选项，如图 2-48 所示。

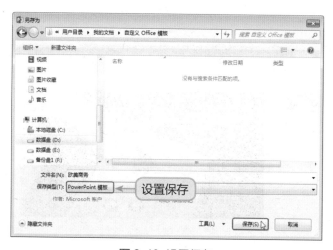

图 2-48 设置保存

③ 单击"保存"按钮，即可将演示文稿模板保存到"我的模板"中。

④ 在任意演示文稿中，在窗口中单击"新建"命令，在右侧单击"自定义"→"自定义 Office 模板"命令（如图 2-49 所示），即可看到保存的模板，如图 2-50 所示。

第1章

第2章 用主题·母版布局版面

第3章

第4章

第5章

第6章

第7章

第8章

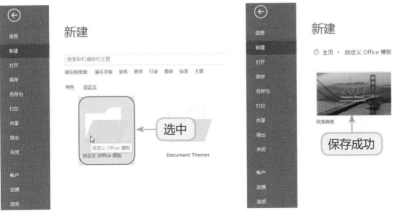

图 2-49 进行保存相关操作　　　　图 2-50 保存的模板

⑤ 然后可以依据此模板创建演示文稿。

专家提示　在"保存类型"下拉列表框中选择"PowerPoint 模板"选项后，保存位置就会自动定位到 PPT 模板的默认保存位置，注意不要修改这个位置，否则无法看到所保存的模板。

2.2 母版的应用

10 母版起什么作用

幻灯片母版用于存储演示文稿主题版式的信息，包括背景、颜色、字体、效果、占位符大小和位置。母版定义了演示文稿中所有幻灯片页面格式，它规定了幻灯片的文本、背景、日期及页码格式，包含了演示文稿中的共有信息。

单击"视图"选项卡的"母版视图"组中的"幻灯片母版"按钮（如图 2-51 所示），即可进入母版视图，可以看到幻灯片版式、占位符等，如图 2-52 所示。

图 2-51 单击"幻灯片母版"按钮

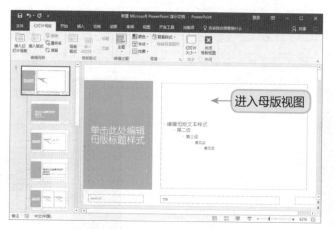

图 2-52　进入母版视图

1. 版式

　　母版左侧显示了多种版式，一般包括"标题幻灯片""标题和内容""图片和标题""空白""比较"等11种版式，这些版式都是可以进行修改与编辑的，例如此处选中"标题幻灯片"版式，为其添加图片背景，如图 2-53 所示。

图 2-53　添加图片背景

　　修改版式后，在"幻灯片母版"选项卡的"关闭"组中单击"关闭母版视图"按钮（如图 2-54 所示），即可退出母版。

图 2-54　单击"关闭母版视图"按钮

　　此时在"开始"选项卡的"幻灯片"组中单击"新建幻灯片"的下拉按钮，在下拉菜单中显示出程序提供的11种版式，在菜单中可以看到"标题幻灯片"的版式如前面设置的一样（如图 2-55 所示），单击"标题幻灯片"版式，即可以此版式新建幻灯片，如图 2-56 所示。

图 2-55 选中版式

图 2-56 以选中版式新建幻灯片

专家提示

在新建幻灯片时，想使用哪个版式，就可以在新建时选择需要的版式，也可以新建后更改版式。选中幻灯片单击鼠标右键，在弹出的快捷菜单中单击"版式"选项，在弹出的子菜单中单击需要的版式，即可将幻灯片更改为该版式，如图 2-57 所示。

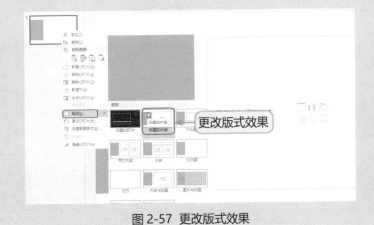

图 2-57 更改版式效果

2. 占位符

一种带有虚线或阴影线边缘的框，被称为占位符。在这些占位符内可以放置标题及正文，或者是图表、表格和图片等对象，并规定这些内容默认放置的位置和区域面积，如图2-58所示。占位符就如同一个文本框，可以自定义它的边框样式、填充效果等，定义后，应用此版式创建新幻灯片时就会呈现出所设置的效果。

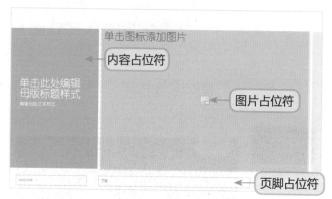

图 2-58 占位符

由此可见，可以借助幻灯片母版来统一幻灯片的整体版式，对其进行全局修改，比如设置所有幻灯片统一字体、定制项目符号、添加页脚以及设置 LOGO 标志。在下面的内容中会更加详细地介绍在母版中的相关操作，深入了解母版中的编辑可以为整篇演示文稿带来的影响。

11 在母版中定制统一的幻灯片背景

前面介绍了将图片设置为幻灯片背景的技巧，当进入母版视图中进行背景的设置后，那么设置的背景效果（可以是纯色、图片、渐变等）就会应用于所有的幻灯片中，如图2-59所示。

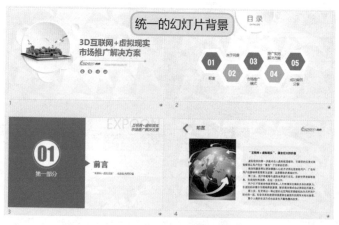

图 2-59 统一的幻灯片背景

① 在"视图"选项卡的"母版视图"组中单击"幻灯片母版"按钮，进入母版视图中。

② 在左侧选中主母版（如图 2-60 所示），在占位符以外的空白位置单击鼠标右键，在弹出的快捷菜单中单击"设置背景格式"命令（如图 2-61 所示），打开"设置背景格式"右侧窗格。

图 2-60 选中幻灯片母版

图 2-61 单击"设置背景格式"命令

③ 在"填充"栏中选中"图片或纹理填充"单选按钮，然后单击"文件"按钮，打开"插入图片"对话框，找到图片所在路径并选中，如图 2-62 所示。

图 2-62 选中图片

④ 单击"插入"按钮，此时所有版式幻灯片都应用了所设置的背景，达到如图 2-59 所示的效果。

⑤ 退出母版视图，也可以看到整篇演示文稿都使用了刚才所设置的背景。

12 在母版中定制统一的标题文字与正文文字格式

在套用模板或主题时，不仅应用了背景效果，同时标题文字与正文文字的格式也是设定好的。如果想更改整篇演示文稿中的文字格式（如标题想统一使用另外的字体或字号），可以进入幻灯片母版中进行操作。在幻灯片母版中的所有操作将会自动应用于整篇演示文稿的每张幻灯片，而且新建的幻灯片也会采用相同的格式。

如图 2-63 所示为当前演示文稿的文字格式。

图 2-63 原文字效果

要求通过设置实现一次性使演示文稿中的每张幻灯片文字都显示为图 2-64 所示的格式。

图 2-64 在母版中定制统一的文字效果

① 在"视图"选项卡的"母版视图"组中单击"幻灯片母版"按钮，进入母版视图中，在左侧选中"标题和内容"版式，如图 2-65 所示。

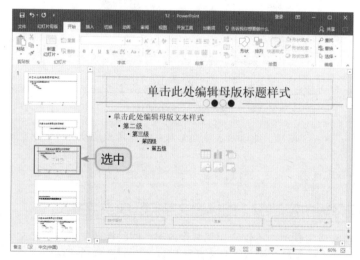

图 2-65 选中"标题和内容"版式

② 选中"单击此处编辑母版标题样式"文字，在"开始"选项卡的"字体"组中设置文字格式（字体、字形、颜色等），如图 2-66 所示。

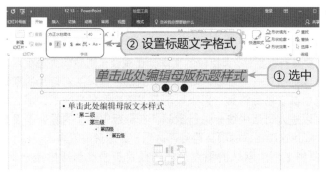

图 2-66 设置标题文字格式

❸ 选中"单击此处编辑母版文本样式"文字，在"开始"选项卡的"字体"组中设置文字格式（字体、字形、颜色等），如图 2-67 所示。

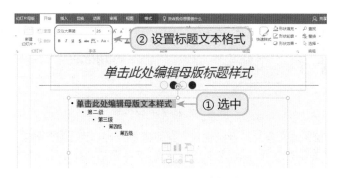

图 2-67 设置标题文本格式

❹ 再依次设置其他级别的文本格式并调整占位符的位置，达到如图 2-68 所示的效果。

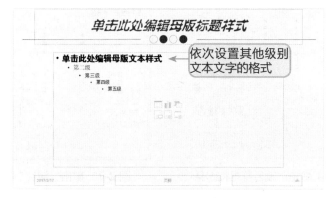

图 2-68 依次设置其他级别文本文字的格式

❺ 在"关闭"组中单击"关闭母版视图"按钮回到幻灯片中，可以看到所有幻灯片标题文本与一级文本的格式都已按照在母版中所设置的效果显示。

第1章

第2章 用主题、母版布局版面

第3章

第4章

第5章

第6章

第7章

第8章

在第 1 章中我们介绍过"文字尽量避免篇幅过大"这样一个知识点，意思就是幻灯片中的文本尽量要具有概括性，大篇幅的文本会让观众无法瞬间关注重点，影响演示效果。因此幻灯片中文本的整理一般都要求具有清晰的条目性，从幻灯片的默认版式中可以看到，内容占位符中都有项目符号，用于显示不同级别的条目文本。那么如果默认的项目符号不美观，可以进入母版中统一进行定制。在母版中定义的好处是设置后可以让所有新建的幻灯片也应用这种格式的项目符号，达到一劳永逸的效果。

此例中需要将上例中默认的黑点形式的项目符号在母版中统一更改为如图 2-69 所示的样式。

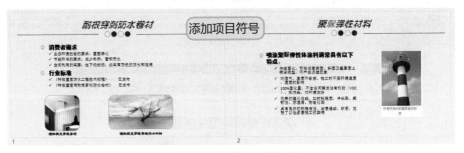

图 2-69 添加项目符号

① 在"视图"选项卡的"母版视图"组中单击"幻灯片母版"按钮，进入母版视图中，在左侧选中主母版。

② 选中"单击此处编辑母版文本样式"文字，在"开始"选项卡的"段落"组中单击"项目符号"下拉按钮，在打开的下拉菜单中单击"项目符号和编号"命令（如图 2-70 所示），打开"项目符号和编号"对话框，如图 2-71 所示。

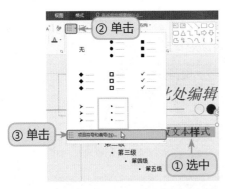

图 2-70 单击"项目符号和编号"

图 2-71 单击"图片"按钮

③ 单击"图片"按钮，打开"插入图片"对话框，选择本机中保存的一幅图片作为项目符号显示（如图 2-72 所示）。依次单击"确定"按钮完成设置，可以看到改变的项目符号，如图 2-73 所示。

图 2-72 选中图片

图 2-73 添加项目符号

④ 在母版中选中"第二级"文字，按相同的操作步骤重新设置项目符号，效果如图 2-74 所示。

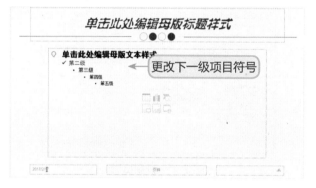

图 2-74 添加下一级项目符号

14 为幻灯片定制统一的页脚效果

如果希望所有幻灯片都使用相同的页脚效果，也可以进入母版视图中进行编辑。

如图 2-75 所示为所有幻灯片都使用"低碳·发展·共存"页脚的效果，其中封面幻灯片未应用页脚。

图 2-75 添加统一的页脚效果

第1章

第2章 用主题、母版布局版面

第3章

第4章

第5章

第6章

第7章

第8章

① 在"视图"选项卡的"母版视图"组中单击"幻灯片母版"按钮，进入母版视图中。在左侧选中主母版，在"插入"选项卡的"文本"组中单击"页眉和页脚"按钮（如图 2-76 所示），打开"页眉和页脚"对话框。

图 2-76 单击"页眉和页脚"按钮

② 选中"页脚"复选框，在下面的文本框中输入页脚文字。如果标题幻灯片需要显示页脚，则撤选"标题幻灯片中不显示"复选框，如图 2-77 所示。

图 2-77 设置页脚

③ 单击"全部应用"按钮，即可在母版中看到页脚文字，如图 2-78 所示。

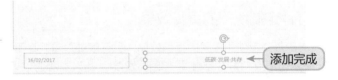

图 2-78 添加页脚

④ 对文字进行格式设置，可以设置字体、字号、字形或艺术字等，如图 2-79 所示。

图 2-79 设置页脚格式

⑤ 设置完成后，关闭母版视图即可看到每张幻灯片都显示了相同的页脚。

页脚除了显示为特定的文字外，另外日期、时间及及幻灯片的编号等也通常会作为页脚显示。

15　在母版中定制统一的 LOGO 图片

在一些商务型的幻灯片中经常会将 LOGO 图片显示于每张幻灯片中，一方面体现公司企业文化，同时也起到修饰布局版面的作用。

如图 2-80 所示，为所有幻灯片都使用了该公司的 LOGO 图片。

图 2-80　统一的 LOGO 效果

① 在"视图"选项卡的"母版视图"组中单击"幻灯片母版"按钮，进入母版视图中。在左侧选中主母版，在"插入"选项卡的"图像"组中单击"图片"按钮，如图 2-81 所示。

② 在打开的"插入图片"对话框中找到 LOGO 图片所在的路径并选中（如图 2-82 所示），单击"插入"按钮，就可以将图片插入到 PPT 中，适当调整图片大小并移动图片到需要的位置上，如图 2-83 所示。

图 2-81　单击"图片"按钮　　　　图 2-82　选中图片

专家提示　如果标题幻灯片不想添加 LOGO 图片，则不能选中主母版来进行添加图片的操作，可以逐一为除"标题幻灯片 版式"之外的其他所有版式插入 LOGO 图片。

第1章

第2章 用主题、母版布局版面

第3章

第4章

第5章

第6章

第7章

第8章

图 2-83 添加 LOGO 信息

16 在母版中设计幻灯片统一的页面元素

　　一篇演示文稿的整体风格一般由背景样式、图形配色、页面顶部及底部的布局效果来决定。因此在设计幻灯片时，一般都会为整体页面使用统一的页面元素进行布局或修饰，即使是下载的主题有时也需要进行一些类似的补充设计。当然只要掌握了操作方法，设计思路可谓创意无限。

　　如图 2-84 所示的一组幻灯片就使用图形为其定义了统一的页面元素。接下来介绍在母版中编辑图形的方法。

图 2-84 统一的页面元素

1 在“视图”选项卡的“母版视图”组中单击“幻灯片母版”按钮，进入母版视图中。

2 选中“标题和内容”版式（因为“标题”幻灯片、“节标题”幻灯片等一般都需要特殊的设计，因此在设计时可以选中部分版式进行设计），在“插入”选项卡的“插图”组中单击“形状”下拉按钮，在下拉菜单中选择“直线”图形样式（如图2-85所示），此时鼠标指针变成十字形状，按住鼠标左键拖动绘制线条，如图2-86所示。

② 单击
③ 单击
① 选中
编辑母版标题样式

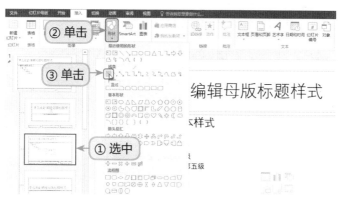

图 2-85 选择图形样式

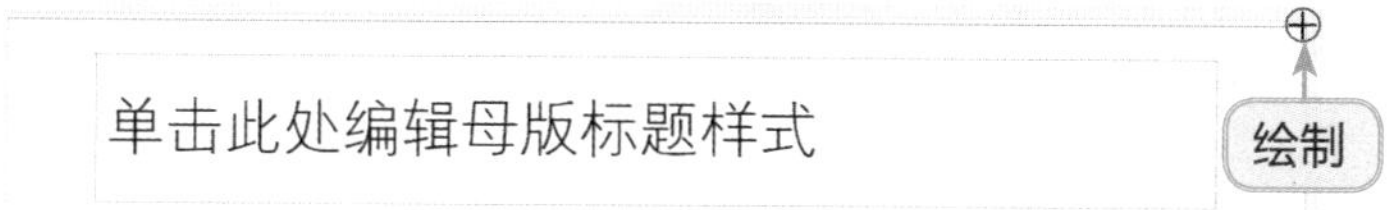

单击此处编辑母版标题样式
绘制

图 2-86 绘制图形

3 绘制完成后并设置图形格式（图形格式的设置在后面的章节中会详细地介绍），达到如图2-87所示的效果。

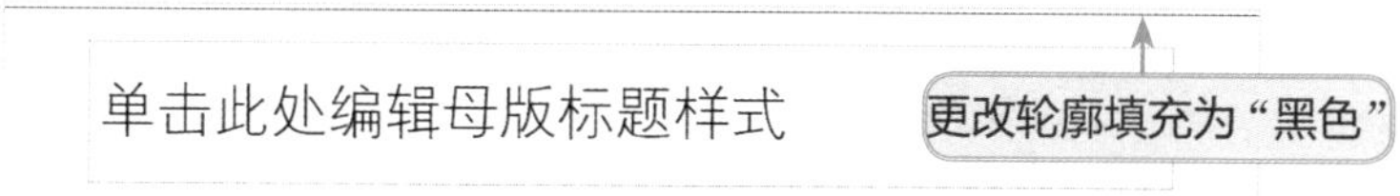

单击此处编辑母版标题样式
更改轮廓填充为“黑色”

图 2-87 设置图形格式

4 复制并粘贴线条，然后将其放置到如图2-88所示的位置。

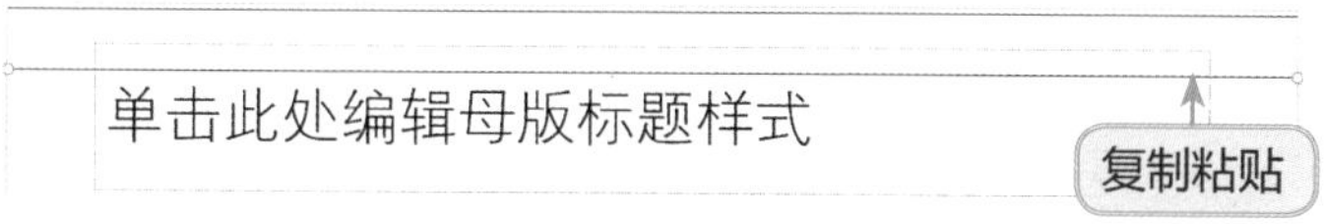

单击此处编辑母版标题样式
复制粘贴

图 2-88 复制粘贴图形

5 再次在“插入”选项卡的“插图”组中单击“形状”下拉按钮，在下拉菜单中选择“矩形”图形样式，绘制如图2-89所示的效果。绘制完成后设置图形格式达到如图2-90所示的效果。

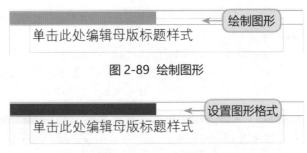

图 2-89 绘制图形

图 2-90 设置图形格式

⑥ 通过编辑顶点来调节矩形,如图 2-91 所示(图形顶点的变换在后面章节中会详细地介绍),接着添加等腰三角形,并放置到如图 2-92 所示的位置。

图 2-91 调节图形

图 2-92 添加图形

⑦ 此时图形设计基本完成,可以根据标题的需要重新调整标题文字的格式,如图 2-93 所示。

图 2-93 整体效果

17 在母版中设计统一的标题框装饰效果

在幻灯片的标题位置处通常会设计图形进行统一修饰,一方面可以突出标题,另一方面也起到优化版面的效果。要完成此设置效果也需要进入母版中进行操作,如图 2-94 所示为所有幻灯片标题框中都使用了统一的修饰效果。

图 2-94 统一的标题框效果

① 在"视图"选项卡的"母版视图"组中单击"幻灯片母版"按钮，进入母版视图中。选中"标题和内容"版式，在"插入"选项卡的"插图"组中单击"形状"下拉按钮，在下拉菜单中选择"矩形"图形样式（如图 2-95 所示），此时鼠标指针变成十字形状，按住鼠标左键绘制图形，如图 2-96 所示。

图 2-95 选中图形

图 2-96 绘制图形

② 重新设置形状格式，如图 2-97 所示，在标题占位符边框上单击鼠标右键，在弹出的快捷菜单中单击"置于顶层"→"置于顶层"命令，即将标题占位符移到图形的上方来，如图 2-98 所示。

图 2-97 设置图形格式

图 2-98 置文本于顶层

③ 选中标题占位符，调节其大小，并将其置于红色图形上，然后在"开始"选项卡的"字体"组中设置文字格式，如图2-99所示。

图2-99 设置文本格式

④ 完成设置后退出母版视图，创建幻灯片时可以看到相同的标题框装饰效果，如图2-100所示。

图2-100 新建幻灯片的效果

18 自定义可多次使用的幻灯片版式

母版中的默认版式有11种，这些版式可以重新编辑修改，另外也可以自定义新的版式。当多张幻灯片需要使用某一种结构，而这种结构的版式在程序默认的版式中又无法找到时，就可以自定义设计。当然无论是自定义修改原版式，还是创建新的版式，它的操作方法基本是相同的。

下面以修改"节标题"版式为例介绍这种操作方法，如图2-101所示为统一定制背景的"节标题"版式，现在要重新自定义版式，达到如图2-102所示的效果。

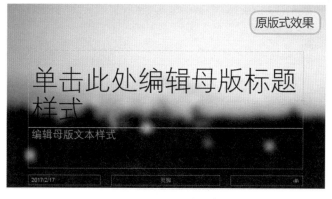

图 2-101 原版式效果

图 2-102 自定义版式效果

在使用自定义的"节标题"版式创建幻灯时，幻灯片效果如图 2-103 所示，可以参考。

图 2-103 应用版式

① 进入母版视图中，在左侧选中"节标题"版式，调整标题占位符和文本占位符的位置、文字格式，如图 2-104 所示。

第 1 章

第 2 章 用主题、母版布局版面

第 3 章

第 4 章

第 5 章

第 6 章

第 7 章

第 8 章

图 2-104 调整占位符

② 在"插入"选项卡的"插图"组中单击"形状"下拉按钮，在下拉菜单中选择"椭圆"图形样式（如图 2-105 所示），此时鼠标指针变成十字形状，按住鼠标左键绘制图形，并设置如图 2-106 所示的图形效果（关于图形的格式设置在第 5 章中会给出详细的讲解）。

图 2-105 选中图形

图 2-106 添加图形并设置格式

③ 在"幻灯片母版"选项卡的"母版版式"组中单击"插入占位符"下拉按钮，在下拉菜单中单击"图片"选项（如图 2-107 所示），在图形上绘制"图片"占位符，如图 2-108 所示。

图 2-107 单击"图片"占位符

图 2-108 添加图片占位符

④ 选中"图片"占位符，在"绘图工具-格式"选项卡的"插入形状"组中单击"编辑形状"下拉按钮，鼠标指针指向"更改形状"命令，在子菜单中选中"椭圆"（如图 2-109 所示），并设置其宽高相等，如图 2-110 所示。

好用·PPT演示高手

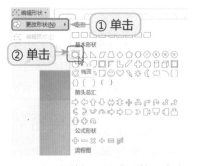

图 2-109 选择"更改形状"命令　　　　图 2-110 更改形状

⑤ 完成上面的操作后，退出幻灯片母版，当新建"节标题"版式的幻灯片时，可以看到幻灯片已按照所设置的版式进行显示，编辑幻灯片即可达到如图 2-102 所示的效果。

专家提示　本例中是直接选中"节标题"版式，然后对其进行修改，如果不想保留此版式，也可以新建一个版式，然后自定义进行版式布局设计。在"幻灯片母版"选项卡的"编辑母版"组中单击"插入版式"命令按钮（如图 2-111 所示），即可以插入新版式，然后选中此版式，按照上面的步骤进行操作即可。

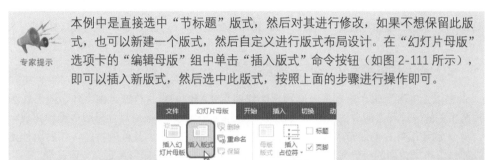

图 2-111 插入版式

19 将自定义的版式重命名保存下来

在"开始"选项卡的"幻灯片"组中单击"版式"下拉按钮，可以看到其中显示的是当前演示文稿中包含的所有版式。如果在母版新创建了版式，则也可以将其保存下来，保存后的版式也会显示于此，从而方便新建幻灯片时直接套用。

如图 2-112 所示为使用"插入版式"命令插入的新版式，对其进行编辑后保存，可以看到默认名称为"自定义版式"。

图 2-112 保存新建的版式

① 在此版式上单击鼠标右键，在弹出的右键快捷菜单中单击"重命名版式"命令（如图 2-113 所示）。打开"重命名版式"对话框，在"版式名称"文本框中输入"内容页版式"，如图 2-114 所示。

② 单击"重命名"按钮，关闭母版视图回到幻灯片中。在"开始"选项卡的"幻灯片"组中单击"版式"下拉按钮，可以看到重新命名保存的版式，如图 2-115 所示。

图 2-113 单击"重命名版式"

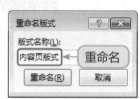
图 2-114 重命名版式

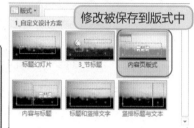
图 2-115 保存到版式中

20 在母版自定义一套主题的范例

由以上内容可见，主题是一套用于制作演示文稿的幻灯片样式，由字体、图形、图片及相关的设计元素组成的。为了保证演示文稿的统一性，可在幻灯片母版中操作完成。

在创建幻灯片前通常需要根据幻灯片的类型确定主题色调及背景特色，然后再补充添加一页布局页面的统一元素。下面我们通过一个例子来学习如何自定义一套主题。

① 新建空白演示文稿，单击"视图"选项卡的"母版视图"组的"幻灯片母版"按钮（如图 2-116 所示），进入母版视图。

② 选中左侧窗格最上方的幻灯片母版，在"设计"选项卡的"自定义"组中单击"设置背景格式"按钮（如图 2-117 所示），打开"设置背景格式"右侧窗格。展开"填充"栏，选中"图片或纹理填充"单选按钮，单击"文件"按钮（如图 2-118 所示），打开"插入图片"对话框。找到图片所在路径并选中图片，单击"插入"按钮（如图 2-119 所示），即可为母版添加统一的图片背景，如图 2-120 所示。

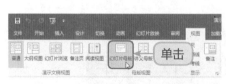
图 2-116 单击"幻灯片母版"命令

图 2-117 单击"设置背景格式"按钮

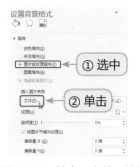

图 2-118 单击"文件"按钮

图 2-119 选中图片

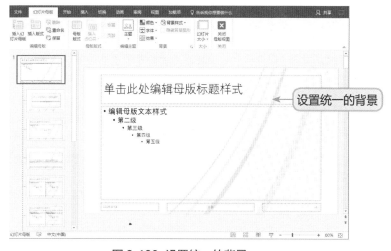

图 2-120 设置统一的背景

❸ 在左侧窗格母版下方选中"标题与内容"版式,在"插入"选项卡的"插图"组中单击"形状"下拉按钮,在下拉菜单中选择"矩形"图形样式并绘制,按相同的方法再添加图形并设置图形格式(图形格式的设置在后面的章节中会详细地介绍),达到如图 2-121 所示的效果。

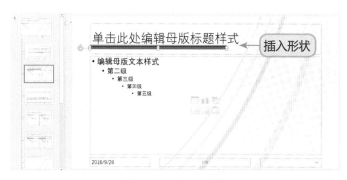

图 2-121 插入形状

❹ 选中"单击此处编辑母版标题样式"文字,在"开始"选项卡的"字体"组中设置文字格式(字体、字形、颜色等);其位置也可以根据实际需要重新调整,如图 2-122 所示。

第1章
第2章 用主题、母版布局版面
第3章
第4章
第5章
第6章
第7章
第8章

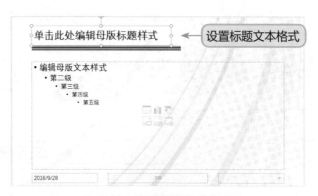

图 2-122 设置标题文本格式

⑤ 选中"节标题"版式,在"插入"选项卡的"插图"组中单击"形状"下拉按钮,在下拉菜单中选择"矩形"图形样式并绘制(如图 2-123 所示),按相同的方法再添加图形并设置图形半透明效果(图形格式的设置在后面的章节中会详细地介绍),达到如图 2-124 所示的效果。

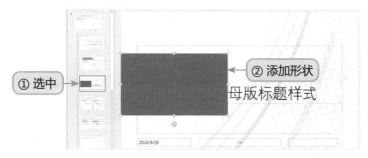

图 2-123 添加形状

图 2-124 添加形状

⑥ 选中标题占位符,在占位符边框上单击鼠标右键,在右键快捷菜单中单击"置于顶层"→"置于顶层"命令(如图 2-125 所示)。然后在"开始"选项卡的"字体"组中设置占位符中的文字格式,如图 2-126 所示。

图 2-125 单击"置于顶层"命令　　　　图 2-126 设置文字格式

⑦ 单击"关闭母版视图"按钮，回到普通视图中。在"开始"选项卡的"幻灯片"组中单击"版式"下拉按钮，在其下拉菜单中以看到有已经编辑的版式，如图 2-127 所示。

⑧ 如图 2-128 与图 2-129 所示，分别为使用"节标题"版式与使用"标题和内容"版式创建的新幻灯片。

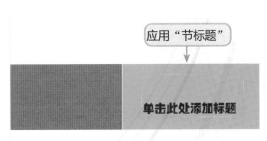

图 2-127 版式下拉菜单　　　　　　　图 2-128 创建"节标题"幻灯片

图 2-129 创建"标题和内容"幻灯片

第 **3** 章

文本的排版与设计

3.1 文本编辑

01 根据版式调整占位符的位置与大小

幻灯片中的"占位符"是指先占住一个固定的位置,表现为一个虚框,虚框内部有"单击此处添加标题"之类的提示文字,一旦鼠标单击之后,提示文字会自动消失,此时可向占位符中输入文本。

先设置好版面的布局,然后在占位符中输入文本,是占位符在幻灯片中的功能体现。无论是幻灯片母版中版式特有的占位符还是添加的占位符,根据排版需要都可以重调,包括占位符的位置和大小。如果是所有这个版式的幻灯片需要统一调整,则建议进入母版中调整(关于母版中的编辑操作,在第 2 章中已做详细介绍)。

如图 3-1 所示为在幻灯片母版中定制的节标题版式幻灯片,其中文本占位符都是默认位置和大小。添加内容并设置文字格式后,呈现如图 3-2 所示的效果。如果不想使用此效果,可以通过调整占位符重新布局。

图 3-1 占位符

图 3-2 输入文本

第 1 章
第 2 章
第 3 章 文本的排版与设计
第 4 章
第 5 章
第 6 章
第 7 章
第 8 章

❶ 选中上方占位符，鼠标指针指向占位符边框的尺寸控点上，当其变为"⇔"样式时，按住鼠标左键变为"╈"样式向右拖动到占位符需要的大小（如图 3-3 所示），释放鼠标后即完成对占位符大小的调整。如果要一次性调整占位符的高度与宽度，则可以将鼠标指针指向占位符拐角的控点上，出现斜向对拉箭头时拖动鼠标即可。

❷ 保持占位符选中状态，鼠标指针指向占位符边线上（注意不要定位在调节控点上），当其变为"⇱"样式时，按住鼠标左键拖动占位符到合适位置（如图 3-4 所示），释放鼠标后即可完成对占位符位置的移动。

图 3-3 调整占位符的大小

图 3-4 调整占位符的位置

❸ 按照此操作步骤可以把占位符的大小与位置都调节到最合适效果，如图 3-5 所示。

图 3-5 最终效果

02 根据排版在任意位置添加文本框

如果幻灯片使用的是默认版式，其中包含的文本占位符是有限的，为了添加有效的文本信息，可以在任意位置绘制文本框。或者有的版面更适用于自由绘制文本框，因此可以为幻灯片应用空白的版式，然后在任意需要的位置上添加文本框来输入文字，如图 3-6 所示幻灯片中，包含多个自由文本框。

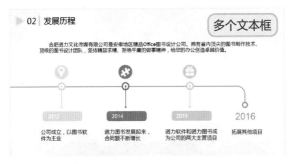

图 3-6　多个文本框

① 在"插入"选项卡的"文本"组中单击"文本框"下拉按钮，在下拉菜单中单击"横排文本框"命令，如图 3-7 所示。

图 3-7　插入文本框

② 执行上述操作后，鼠标指针变为"↓"样式，在需要的位置上按住鼠标左键不放拖动即可绘制文本框，绘制完成后释放鼠标，光标自动定位到文本框中就进入文本编辑状态，如图 3-8 所示。

图 3-8　光标定位

③ 此时可在文本框里输入和编辑文字，如图 3-9 所示。

图 3-9　输入文字

④ 按照此操作方法可添加其他文本框并输入文字，设置文字格式，达到如图 3-6 所示的效果。

03 为文本添加项目符号

我们知道 PPT 中的文字编排力求简洁清晰，因此当列举一些观点、条目时通常都会为其应用项目符号，以使文本更加便于阅读，如图 3-10 所示，在幻灯片中应用了项目符号。

图 3-10 添加项目符号

1. 快速套用内置的项目符号

① 选取要添加项目符号的文本（如图 3-11 所示），在"开始"选项卡的"段落"组中单击"项目符号"下拉按钮，在弹出下拉菜单中提供了几种可以直接套用的项目符号样式，如图 3-12 所示。

图 3-11 选中文本　　　　图 3-12 设置"项目符号"

② 将鼠标指针指向项目符号样式时可预览效果，单击后即可套用。

2. 自定义项目符号

除了程序内置的几种项目符号外，还可以自定义项目符号的样式，以获取更加丰富的版面效果。接下来介绍如何自定义图片为项目符号的方法，为了体现图片修饰性的功能，多采用无背景格式，即 PNG 格式。

① 选取要添加项目符号的文本，如图 3-13 所示。在"项目符号"按钮的下拉菜单中单击"项目符号和编号"命令，打开"项目符号和编号"对话框。

图 3-13 选中文本

② 单击"图片"按钮，如图 3-14 所示，打开"插入图片"对话框，选中想作为项目符号显示的图片（PNG 格式的图片更加合适），如图 3-15 所示。

图 3-14 单击"图片"按钮

图 3-15 选中图片

③ 单击"插入"按钮后，即可为文本添加批量的项目符号，效果如图 3-16 所示。

图 3-16 添加个性项目符号

举一反三

添加程序默认的项目符号时,其默认颜色是"黑色",如果想重新设置其颜色,一般在添加项目符号之前进行设置。在"项目符号"按钮的下拉菜单中单击"项目符号和编号"命令,打开"项目符号和编号"对话框,单击"颜色"右侧的下拉按钮,在下拉列表中可以设置项目符号的颜色(如图3-17所示),应用效果如图3-18所示。

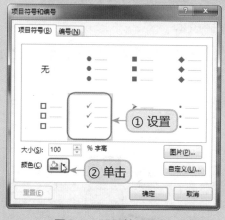

图 3-17 设置符号颜色

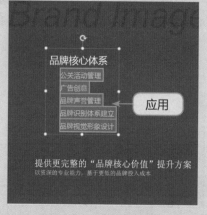

图 3-18 应用项目符号

04 为文本添加编号

当幻灯片中文本分多条显示时,有时是使用编号表示的,除了手动依次输入编号外,还可以按如下操作步骤一次性添加编号。

① 选中需要添加编号的文本内容,如果文本不连续时可以配合 Ctrl 键选中,如图 3-19 所示。

② 在"开始"选项卡的"段落"组中单击"编号"下拉按钮,在下拉菜单中选择一种编号样式,选中即可预览效果,单击即可应用,如图 3-20 所示。

图 3-19 选中不连续文本

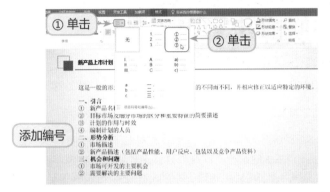

图 3-20 单击编号

也可以先选择一处的文本添加编号，当其他地方需要使用相同格式的编号时，再使用"格式刷"快速刷取。

专家提示

05 排版时调整文本的字符间距

字符间距是指两个字符之间的间隔宽度，一般加宽或紧缩所选字符都可以通过设置字符间距来完成。

如图 3-21 所示的英文文本为默认间距，稍显拥挤，可以通过设置加宽字符间距值的方法调整，如图 3-22 所示为设置加宽间距值为"4.5 磅"后的效果。

图 3-21 默认字符间距

图 3-22 加宽字符间距

① 选中文本，在"开始"选项卡的"字体"组中单击"字符间距"下拉按钮，在弹出的下拉菜单中单击"其他间距"命令（如图 3-23 所示），打开"字体"对话框。

② 单击"间距"右侧的下拉按钮，在下拉列表中选择"加宽"选项，在"度量值"文本框中输入"4.5"，如图 3-24 所示。

| 图 3-23 单击"其他间距"命令 | 图 3-24 设置字符间距 |

③ 单击"确定"按钮，即可将选中字体的间距更改为 4.5 磅。

专家提示 一般情况下，文本的字符"间距"默认为"常规"类型。在"间距"下拉列表中的"很紧""紧密""稀疏"和"很松"选项是设置字符间距的快捷方式。

06 排版时增加行间距、段间距

当文本包含多行时，行与行之间的间距是无间隔紧凑显示的。根据排版要求，有时需要调整行距以获取更好的视觉效果。如图 3-25 所示为排版前的文本，如图 3-26 所示为增加行距和段间距后的效果。

图 3-25 默认的行间距和段间距

图 3-26　调整行间距和段间距

① 选中文本框，在"开始"选项卡的"段落"组中单击"行距"下拉按钮，在打开的下拉菜单中单击"行距选项"命令（如图 3-27 所示），打开"段落"对话框。

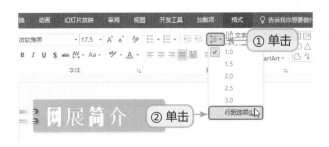

图 3-27　单击"行距选项"命令

② 在"间距"栏中"段前"文本框中输入间距值；单击"行距"下拉按钮，在下拉列表中选择"固定值"选项，然后在"设置值"的文本框中设置任意间距值，如图 3-28 所示。

图 3-28　设置间距

"行距"下拉列表中内置了几项行距值，如果不需要精确设置行间距和段间距值，此列表就可以轻松实现对行间距的调整。

在幻灯片的设计过程中，很多时候会使用图形来布局版面，同时将文字显示在图形上，起到既修饰文字又突出文字的目的。如图 3-29 所示的幻灯片中多处使用了图形来突出文字。

① 在"插入"选项卡的"插图"组中单击"形状"下拉按钮，在下拉菜单中选择"菱形"，如图 3-30 所示。

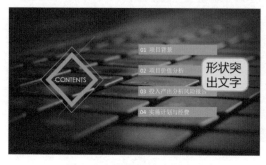

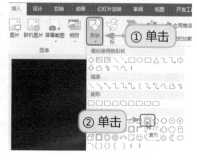

图 3-29 使用形状突出文字　　　　　图 3-30 选择形状

② 按住鼠标左键在适当的位置绘制图形，如图 3-31 所示。

③ 选中形状并单击鼠标右键，在弹出的右键快捷菜单中单击"编辑文字"命令（如图 3-32 所示）。此时光标会自动定位到图形内，文本框变为可编辑状态，输入需要的文字即可，如图 3-33 所示。

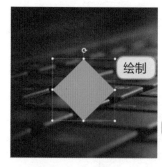

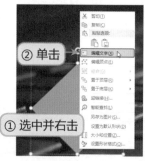

图 3-31 绘制图形　　　图 3-32 单击"编辑文字"命令　　　图 3-33 输入文本

④ 设置文字的格式，然后再按相同的方法添加其他图形和文字。

在向图形中添加文本的过程中，有时候也可以配合文本框使用，即在图形上再添加文本框来输入文字。这种操作方式往往比直接在图形上编辑文字效果更好，因为可以更灵活地调整文字在图形上的放置位置，以便更好地贴合图形。

专家提示

08 为幻灯片文字添加网址超链接

超链接实际上是一个跳转的快捷方式，单击含有超链接的对象，将会自动跳转到指定的幻灯片、文件或者网址上。如图 3-34 所示，就为公司名称添加了网址超链接。

图 3-34 添加网址超链接

①选中文字所在的文本框，在"插入"选项卡的"链接"组中单击"超链接"按钮，如图 3-35 所示。

图 3-35 单击"超链接"按钮

②打开"插入超链接"对话框，在"地址"文本框中输入网址，如图 3-36 所示。

图 3-36 输入地址

③单击"确定"按钮完成设置。选中该文本，在右键快捷菜单中单击"打开超链接"命令（如图 3-37 所示），即可跳转到该网址。

图 3-37 在右键快捷菜单中单击"打开超链接"命令

本例介绍的是为文字设置超链接，除此之外还可以为图片、图形对象设置超链接，并且在设置链接对象时可以是网址（如本例），也可以是当前演示文稿的某张幻灯片，还可以是其他文档，如 Word 文档、Excel 表格等。只要在"插入超链接"对话框的"查找范围"文本框中确定要链接文档的保存位置，然后在列表中选中要链接的对象即可。

专家提示

09 巧妙链接到其他幻灯片

幻灯片在演示时，有时演示的知识内容是嵌套的，本张幻灯片给纲要条目，其他幻灯片再给出细致讲解，这时可以通过设置超链接实现文本与其他幻灯片的链接，进而达到纲要与内容的链接。

① 选中文字所在的文本框，在"插入"选项卡的"链接"组中单击"动作"按钮，如图 3-38 所示。

图 3-38 单击"动作"按钮

② 打开"操作设置"对话框，在"超链接到"下拉列表中单击"幻灯片"选项（如图 3-39 所示），打开"超链接到幻灯片"对话框。

③ 在"幻灯片标题"列表框中选中要链接到的目标幻灯片，如图 3-40 所示。

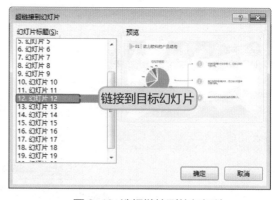

图 3-39 设置链接　　　　　　　　图 3-40 选择链接到的幻灯片

④ 单击"确定"按钮即可为幻灯片添加超链接。选中该文本，即可看到链接提示（如图 3-41 所示）。在右键快捷菜单中单击"打开超链接"命令也可跳转到指定的幻灯片。

图 3-41 添加幻灯片超链接

还可以设置链接到其他演示文稿中幻灯片的超链接，操作步骤如下。

（1）选中文字所在的文本框，打开"操作设置"对话框，在"超链接到"下拉列表框中单击"其他 PowerPoint 演示文稿"选项，如图 3-42 所示。

（2）打开"超链接到其他 PowerPoint 演示文稿"对话框，选择需要作为超链接的演示文稿，如图 3-43 所示。

（3）单击"确定"按钮，打开"超链接到幻灯片"对话框，在"幻灯片标题"列表框中选择需要链接到的幻灯片即可，如图 3-44 所示。

图 3-42 设置超链接

图 3-43 链接到其他演示文稿

图 3-44 连接到其他演示文稿的幻灯片

（4）单击"确定"按钮，即可将幻灯片链接到其他演示文稿的幻灯片。

　　在上一章中讲解母版的操作时讲解过如何统一设置幻灯片中的文字格式，但如果文字不在占位符中，而是大多在后期添加的文本框中，那么则无法通过在母版中修改字体就可以完成一次性更改字体的操作。此时可以按如下技巧实现一次性修改文字格式，而不必手工逐一修改。如将图 3-45 所示的幻灯片中"汉仪方叠体简"字体更改为图 3-46 所示的"特粗黑体"字体。

图 3-45　原始字体效果

图 3-46　替换后的效果

　　❶ 在"开始"选项卡的"编辑"组中单击"替换"下拉按钮，在下拉菜单中单击"替换字体"命令，如图 3-47 所示。

　　❷ 打开"替换字体"对话框，在"替换"下拉列表框中选择"汉仪方叠体简"，接着在"替换为"下拉列表框中选择"微软雅黑"，如图 3-48 所示。

图 3-47　单击"替换字体"命令

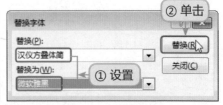

图 3-48　设置替换内容

③ 单击"替换"按钮，即可完成演示文稿中字体的整体替换。

11 "格式刷"快速引用文字格式

一篇演示文稿中通常会有多处需要采用相同的文字格式，设置一处格式后，可以利用格式刷快速复制格式，并将此格式快速传送给其他文字，而不必手工逐一设置。此功能虽然简单，但使用频率极高，需要套用格式时，可随时启用格式刷。

① 选中需要引用其格式的文本（如图 3-49 所示），在"开始"选项卡的"剪贴板"组中双击"✍"按钮，此时鼠标后带有小刷子形状的图标。

图 3-49 单击"格式刷"按钮

② 将该图标对准需要改变格式的文字，拖动鼠标进行刷取（如图 3-50 所示），释放鼠标即可引用格式。

③ 按照相同的方法在下一处需要引用格式的文本上刷取格式，如图 3-51 所示。

图 3-50 刷取格式　　　　　　图 3-51 刷取格式

④ 全部引用完成后，需要在"开始"选项卡的"剪贴板"组中再次单击一次"✍"按钮取消格式刷的启用状态，如图 3-52 所示。

第1章
第2章
第3章 文本的排版与设计
第4章
第5章
第6章
第7章
第8章

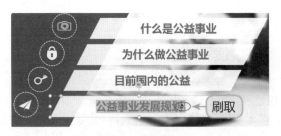

图 3-52 刷取格式

在使用"格式刷"工具时,如果只有一处需要引用格式,可以单击一次 ✔ 按钮,在格式引用后自动退出。如果多处需要引用格式,则双击 ✔ 按钮,但使用完毕后需要手动退出其启用状态。

12 将文本直接转换为 SmartArt 图形

可以将幻灯片中的文本可以快速转换为 SmartArt 图形,如图 3-53 所示为文本效果,如图 3-54 所示为将文本转化为 SmartArt 图形的效果。

图 3-53 原始文本效果

图 3-54 转换 SmartArt 图形效果

① 选中文本所在的文本框，在"开始"选项卡的"段落"组中单击"转换为 SmartArt 图形"下拉按钮，在下拉菜单中单击"其他 SmartArt 图形"命令，如图 3-55 所示。

图 3-55 单击"其他 SmartArt 图形"命令

② 打开"选择 SmartArt 图形"对话框，选择要使用的 SmartArt 图形的样式，如图 3-56 所示。

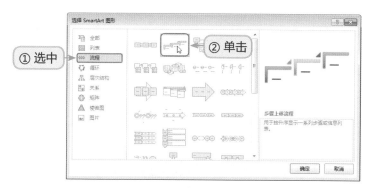

图 3-56 选择 SmartArt 图形

③ 单击"确定"按钮，即可将文本转换为 SmartArt 图形。

专家提示

文本转换为 SmartArt 图形有以下几点需要注意。

（1）文本内容段落要明确，并且文字要简洁概括。

（2）待转换的文本需要在一个文本框或者同一个占位符内。

（3）选择能准确表达内容的 SmartArt 图形。

3.2 文本的美化

13 字体其实也有感情色彩

文字是幻灯片表达核心内容的重要载体，但是文字不单单只是呈现内容。通过不同的文字格式，可以传达给人不同的情绪。例如楷书使人感到规矩、稳重；隶书使人感到轻柔、舒畅；行书使人感到随和、宁静；黑体字使人感到端庄、凝重、科技性较强等。

　　如图 3-57 所示，字体工整规矩，加上文本框的修饰效果，表达的是一种严肃、规矩的行为方式，与建筑行业的职业特征有很强的关联性。

图 3-57 效果图

　　如图 3-58 所示，幻灯片图片内容温馨并采用了暖色调，再搭配行楷字体传达给人优美、休闲、幸福之感。

图 3-58 效果图

　　如图 3-59 所示，字体大气而又新颖，表达了对科技进步的喜悦之情，同时背景图片的选用也很贴切到位。

图 3-59 效果图

由此可见，在标题文字中，字体所包含的感情色彩是显而易见的。当然，在内容文本中，文字格式也很重要，只有标题和文本设置有别，有重点、有主次，才能更好地表达观点，如图 3-60 和图 3-61 所示。

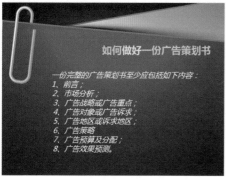

图 3-60　效果图　　　　　　　　　　　　　图 3-61　效果图

14　特殊文字艺术字效果

文字的艺术效果包括阴影、映像、发光、棱台等，艺术字是各种效果的叠加设计，幻灯片中的文本可以通过套用快速样式转换为艺术字效果。

① 选中文本，在"绘图工具-格式"选项卡的"艺术字样式"组中单击" "下拉按钮，在下拉菜单中显示了可以选择的艺术字样式，如图 3-62 所示。

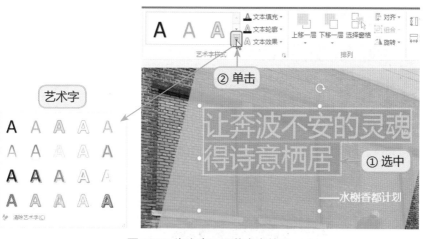

图 3-62　为文本设置艺术字效果

② 如图 3-63 和图 3-64 所示为套用不同的艺术字样式后的效果。

图 3-63 艺术字

图 3-64 艺术字

举一反三

这里套用的艺术字样式是基于原字体的，也就是在套用艺术字样式时不改变原字体。只能通过预设效果设置文字的填充、边框、映像、三维等效果。当更改文字字体时，可以获取不同的视觉效果。如图 3-65 和图 3-66 所示为更改了字体后的艺术字效果。

图 3-65 更改字体后的艺术字

图 3-66 更改字体后的艺术字

15 设置填充效果美化文字

在幻灯片中输入文字默认的是单色填充，针对大号的标题文字，则可以通过设置渐变、图片或纹理、图案等填充效果来进行特殊美化。

1. 文字渐变填充

渐变填充即填充颜色有一个变化过程，如图 3-67 所示为设置渐变后的标题效果。

图 3-67 文字渐变效果

① 选中文字，在"绘图工具-格式"选项卡的"艺术字样式"组中单击"⌐"按钮（如图 3-68 所示），打开"设置形状格式"右侧窗格。

图 3-68 单击"⌐"按钮

② 单击"文本填充与轮廓"标签按钮，在"文本填充"栏中选中"渐变填充"单选按钮，单击"预设渐变"右侧的下拉按钮，在下拉列表中选择"顶部聚光灯-个性色 4"（如图 3-69 所示），即可达到如图 3-70 所示的填充效果。

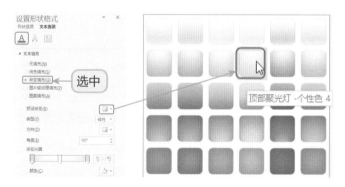

图 3-69 设置预设渐变

图 3-70 渐变效果

③ 单击"类型"设置框右侧的下拉按钮，在下拉列表中选择"线性"选项；在"方向"下拉列表中选择"线性向下"选项（如图 3-71 所示），可达到如图 3-72 所示的填充效果。

第1章
第2章
第3章 文本的排版与设计
第4章
第5章
第6章
第7章
第8章

图 3-71 设置渐变类型和方向　　　　　　　　　　图 3-72 渐变效果

④ 依次选中每个光圈，单击下方"颜色"的下拉按钮，在其下拉列表中可更改光圈的颜色（如图 3-73 所示），拖动光圈可调节渐变所覆盖到的区域，如图 3-74 所示。

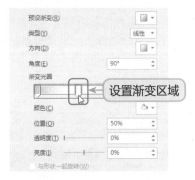

图 3-73 设置渐变色　　　　　　　　　　图 3-74 设置渐变区域

⑤ 设置完成后关闭"设置形状格式"窗格，即可达到如图 3-67 所示的效果。

举一反三

渐变的效果在于对光圈的设置。我们在选择"预设渐变"类型时，就根据预设效果默认添加了光圈，在此基础上我们可以进行调整，以获取更加满意的效果。例如上面介绍的重设光圈的颜色，改变光圈的位置都是在对渐变效果进行调整。另外，在"渐变光圈"区域，通过单击"　"按钮（如图 3-75 所示），可添加渐变光圈的个数（如图 3-76 所示）。同样，选中不需要的光圈，通过单击"　"按钮，可减少渐变光圈的个数。

图 3-75 增加光圈　　　　　　　　　　图 3-76 减少光圈

关于渐变效果的设置是非常丰富的，如渐变的类型、角度、渐变的光圈数、每个光圈所在位置等都可以进行设置，任意一个参数的改变都会影响渐变的效果，因此我们在上述步骤中给出的只是操作的方法，至于效果的掌控，读者完全可凭自己的设计思路来进行调节。

2. 文字图片填充

图片填充就是把图片填充到文字中，如图 3-77 所示的填充效果，此填充效果也适合标题文字的设置。

图 3-77　文字图片填充效果

① 选中文字并单击鼠标右键，在弹出的快捷菜单中单击"设置文字效果格式"命令（如图 3-78 所示），打开"设置形状格式"右侧窗格。

图 3-78　单击"设置文字效果格式"命令

② 单击"文本填充与轮廓"标签按钮，在"文本填充"栏中选中"图片或纹理填充"单选按钮，单击"文件"按钮（如图 3-79 所示），打开"插入图片"对话框，找到图片所在的路径并选中，如图 3-80 所示。

图 3-79 单击"文件"按钮   图 3-80 选中图片

③ 单击"插入"按钮,即可将选中的文本设置图片填充效果。

举一反三

另外还可以为文字设置其他的填充效果,图 3-81 和图 3-82 分别为大号文字的纹理填充和图案填充效果。

图 3-81　文字纹理填充

图 3-82　文字图案填充

对于一些字号较大的字体，还可以为其设置轮廓线条，这也是美化和突出文字的一种方式。如图 3-83 所示为原始效果，图 3-84 是为文字设置白色加粗轮廓线后的效果。

图 3-83 原文本效果　　　　图 3-84 应用轮廓线

其方法为：选中文本框，在"绘图工具 - 格式"选项卡的"艺术字样式"组中单击"文本轮廓"下拉按钮，在弹出的下拉菜单的"主题颜色"区域中选择一种轮廓线颜色，然后选择"粗细"命令，在弹出的子菜单中选中"3 磅"（如图 3-85 所示），如果需要设置线型则进入"虚线"子菜单中选择线型。

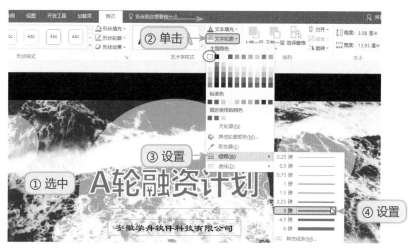

图 3-85 设置轮廓线效果

轮廓线的应用效果主要体现在线条颜色、粗细和线型上，我们也可以打开"设置形状格式"右侧窗格进行设置，以达到不同的设置效果。

（1）在"粗细"子菜单中单击"其他线条"命令（如图 3-86 所示），打开"设置形状格式"右侧窗格，选中"实线"单选按钮（如图 3-87 所示），可设置线条的颜色、宽度和类型等。

（2）如图 3-88 和图 3-89 为不同的设置效果。

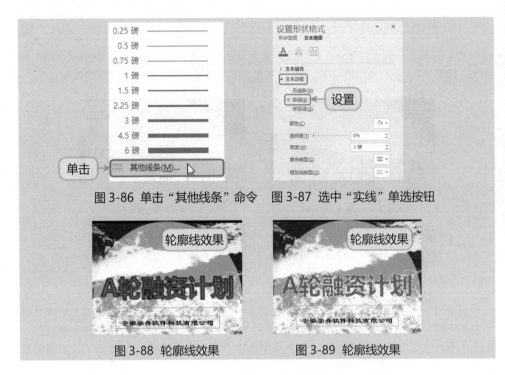

图 3-86 单击"其他线条"命令　图 3-87 选中"实线"单选按钮

图 3-88 轮廓线效果　　　　　图 3-89 轮廓线效果

17 立体化文字

对于一些特殊显示的文本，可以为其设置立体效果，从而提升幻灯片的整体表达效果。立体字效果需要从阴影、三维格式（棱台）和三维旋转几个方面来进行设置。

1. 阴影设置

为文本设置阴影效果，可以使文本显示效果更加生动。

① 选中文本框，在"绘图工具-格式"选项卡的"艺术字样式"组中单击"文本效果"下拉按钮，在下拉菜单中单击"阴影"命令，在其子菜单中选择一种阴影预设效果，如图 3-90 所示。

② 如果对预设的效果不满意，单击"阴影选项"命令（如图 3-91 所示），打开"设置形状格式"右侧窗格。

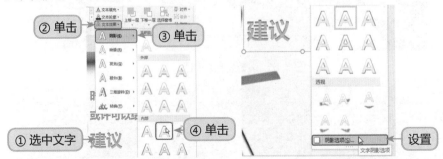

图 3-90 预设阴影　　　　图 3-91 单击"阴影选项"命令

③ 在"阴影"栏重新设置相关参数（如图 3-92 所示），最终效果如图 3-93 所示。

图 3-92 设置阴影参数

图 3-93 阴影效果

2. 三维格式和三维旋转

三维格式能够使文字呈现一种凸起的立体效果,而三维旋转则会使文字具有运动性。

① 选中文本框,在"绘图工具 - 格式"选项卡的"艺术字样式"组中单击"文本效果"下拉按钮,在下拉菜单中单击"棱台"→"三维选项"命令,如图 3-94 所示,打开"设置形状格式"右侧窗格。

图 3-94 单击"三维选项"命令

② 在"三维格式"栏中,单击"顶部棱台"的下拉按钮,在下拉列表中选择"柔圆"类型,保持"宽度"和"高度"内置值分别为"6 磅"和"2 磅"(如图 3-95 所示),设置完成后达到如图 3-96 所示的效果。

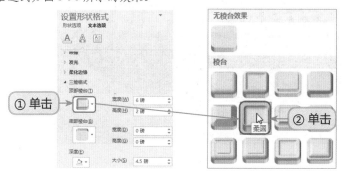

图 3-95 设置三维格式

第 1 章

第 2 章

第 3 章 文本的排版与设计

第 4 章

第 5 章

第 6 章

第 7 章

第 8 章

图 3-96 三维格式

③ 关闭"三维格式"栏，展开"三维旋转"栏，在"预设"下拉列表框中选择"透视：适度宽松"类型，并设置"透视"值为"100°"（如图 3-97 所示），使文字达到如图 3-98 所示的透视效果。

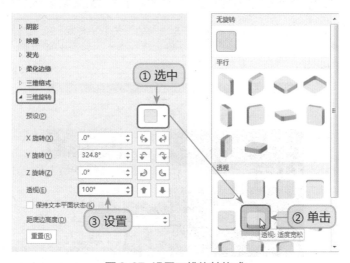

图 3-97 设置三维旋转格式

图 3-98 三维旋转

④ 设置完毕后关闭窗口即可。

除了为以上文字制作立体化效果外，还可以通过"映像"设置来为文字制作镜面倒影的效果。

（1）选中文本，在"绘图工具 - 格式"选项卡的"艺术字样式"组中单击"文本效果"下拉按钮，在下拉菜单中将鼠标指针指向"映像"命令，然后在其子菜单中选择一种预设效果（如图 3-99 所示），如图 3-100 所示为制作的一种文字倒影效果。

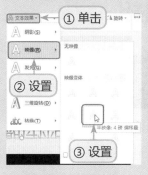

图 3-99 预设映像　　　　图 3-100 映像效果

（2）如果对预设的效果不满意，单击"映像选项"命令，打开"设置形状格式"右侧窗格（如图 3-101 所示）。

（3）可重新设置映像的相关参数，包括"透明度""大小""模糊""距离"等，如图 3-102 所示。

图 3-101 更改映像参数　　　　图 3-102 映像效果

18 以波浪型显示特殊文字

建立文本后，无论是否是艺术字，都可以设置其转换效果。一般比较常见的有波浪形、拱形等，可以根据环境来选择不同的转换效果。

❶ 选中文本，在"绘图工具 - 格式"选项卡的"艺术字样式"组中单击"文本效果"下拉按钮，在下拉菜单中单击"转换"命令，在子菜单中可以选择转换效果，如图 3-103 所示。

图 3-103 文本转换

②选择其中一种即可应用到所选的文字上。如图 3-104 所示为文字套用了"上弯弧"转换后的效果。

图 3-104 转换效果

根据版面及文本特点来设置文本的转换效果是一个很重要的原则，如图 3-105 和图 3-106 分别为应用"槽形 下"和"波浪形 上"转换后的效果。

举一反三

图 3-105 转换效果　　　　图 3-106 转换效果

好用·PPT 演示高手

在建立幻灯片的过程中，文本框的使用非常多，系统默认文本框是无边框、无填充的。但在合适的环境下，也可以为文本框制订合适的美化方案，一方面可以修饰文本，另一方面也能润色版面。

如图 3-107 和图 3-108 所示分别为设置文本轮廓线前后的效果。

图 3-107 原文本效果

图 3-108 文本轮廓效果

❶ 选中文字，在"绘图工具 - 格式"选项卡的"形状样式"组中单击"形状填充"下拉按钮，在下拉菜单"主题颜色"区域内设置文本框的底纹效果，如图 3-109 所示。

❷ 接着单击"形状轮廓"下拉按钮，在下拉菜单"主题颜色"区域内设置文本框的轮廓颜色，在"粗细"子菜单中设置轮廓线为"4.5 磅"，如图 3-110 所示，最终美化效果如图 3-111 所示。

图 3-109 设置文本形状填充

图 3-110 设置文本轮廓填充

图 3-111 美化效果

③ 除了通过设置文本框各个参数值达到美化文本框的效果，也可以应用程序内置的文本框样式快速美化文本框。选中需要编辑的文本框，在"绘图工具-格式"选项卡的"形状样式"组中单击"其他"下拉按钮（如图 3-112 所示），在打开的下拉菜单中可以选择合适的样式，如图 3-113 所示.

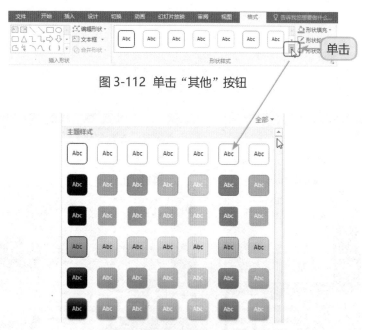

图 3-112 单击"其他"按钮

图 3-113 选择"主题样式"

④ 单击其中一个样式即可应用。如图 3-114 和图 3-115 所示分别为套用不同的"形状样式"后的效果。

图 3-114 美化效果

图 3-115 美化效果

专家提示

同文字填充一样，也可以为文本框设置"渐变填充""图片或纹理填充""图案填充"等，可以在幻灯片右侧窗格中精确设置各项参数值以达到优化效果。同时文本框的格式还可以用格式刷来刷取，从而将格式快速传递给其他文本框，其操作方法同文字格式的刷取相同。

第4章

图片对象的编辑与排版

4.1 图片的加入与编辑

01 向幻灯片中添加图片

图片在 PPT 中经常使用，它是提升 PPT 可视化效果的必备元素。要使用图片必须先插入图片，如果幻灯片中要使用多张图片，也可以一次性插入，然后再做调整。

1. 添加图片

① 选中目标幻灯片，在"插入"选项卡的"图像"组中单击"图片"按钮（如图 4-1 所示），打开"插入图片"对话框，找到图片存放的位置，选中目标图片，如图 4-2 所示。

图 4-1 单击"图片"按钮

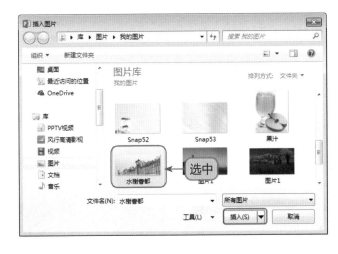

图 4-2 选中图片

② 单击"插入"按钮，图片插入后效果如图 4-3 所示。

③ 保持图片为选中状态，将图片调至合适大小（图片大小的调节将在下一例子中详细介绍），鼠标指针定位到图片尺寸控制点外的任意位置，鼠标指针变为 样式，此时按住鼠标左键不放，鼠标指针变为 样式，拖动鼠标即可将图片移动到合适的位置，如图 4-4 所示。

图 4-3　插入图片

图 4-4　调整图片位置

2. 添加多张图片

❶ 选中目标幻灯片，在"插入"选项卡的"图像"组中单击"图片"按钮，打开"插入图片"对话框。

❷ 按 Ctrl 键依次选中目标图片，此时"文件名"文本框中显示所有插入的图片文件名称（如图 4-5 所示），单击"插入"按钮，即可将所有选中的图片插入到幻灯片中，如图 4-6 所示。

图 4-5　选中所有图片　　　　　　　图 4-6　插入图片

❸ 选中其中一张图片，将鼠标指针定位到图片尺寸控制点外的任意位置，然后移动图片将其放置到合适的位置（如图 4-7 所示），按照同样的操作方法将其他图片都放置到合适位置，最终达到如图 4-8 所示的效果。

图 4-7 调整图片位置

图 4-8 调整完成

专家提示

如果是网络图片，未保存在计算机内，可以通过复制粘贴的方法将图片加入到幻灯片里，其插入效果与通过幻灯片插入图片方式所达到效果一样。

02 调整图片大小或裁剪图片

根据版面布局的特点，有时插入的图片大小并不符合版面的要求。因此调整图片的大小是一项必不可少的操作，有时还需要根据设计需求裁剪多余部分。裁剪图片是一项很实用的功能，利用它可以随心所欲地裁剪图片，不用借助其他的辅助软件就可以方便地应用图片的任意部分。

1. 调整图片大小

① 选中目标幻灯片，在"插入"选项卡的"图像"组中单击"图片"按钮，打开"插入图片"对话框，找到图片存放位置，选中目标图片，单击"插入"按钮，插入后如图 4-9 所示。

② 保持图片的选中状态，鼠标指针定位到图片除尺寸控制点外的其他任意位置，鼠标指针变为""样式，此时按住鼠标左键不放，鼠标指针变为"✢"样式，可将图片移动到合适的位置，释放鼠标，效果如图 4-10 所示。

图 4-9 插入图片

图 4-10 调整图片位置

③ 保持图片的选中状态，鼠标指针指向正下方，变为"▅"样式，按住鼠标左键不放，鼠标指针变为"+"样式，向上拖动鼠标可减少图片的高度，如图 4-11 所示。调整

左右尺寸控制点可改变图片的宽度，调整拐角控制点可成比例改变图片尺寸。

④ 当调整图片大小到合适尺寸时，释放鼠标即可，调整后的效果如图 4-12 所示。

图 4-11 改变图片大小

图 4-12 调整完成

2. 裁剪图片

如图 4-13 所示，在幻灯片中插入了图片，现在只想使用此图片的一部分，可通过裁剪操作保留中心部分，得到如图 4-14 所示的图片。

图 4-13 原图片

图 4-14 裁剪后的图片

① 选中图片，在"图片工具 - 格式"选项卡的"大小"组中单击"裁剪"下拉按钮，在其下拉菜单中，单击"裁剪"命令（如图 4-15 所示），此时图片中会出现 8 个裁切控制点，如图 4-16 所示。

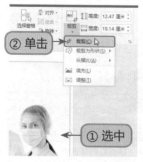
图 4-15 单击"裁剪"按钮

图 4-16 显示裁切点

② 使用鼠标左键拖动相应的控制点到合适的位置即可对图片进行裁剪。本例中要裁剪图片的上下部分，鼠标指针定位到上方控制点（如图 4-17 所示），向下方拖动鼠标，如图 4-18 所示。

图 4-17 定位裁切点　　　　　　图 4-18 向下拖动

③ 接着按照同样的操作方法使用鼠标左键拖动下方的控制点到合适的位置（如图 4-19 所示），此时释放鼠标左键，就完成了图片裁切操作，裁切点内为保留区域，如图 4-20 所示。

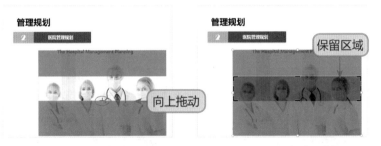

图 4-19 向上拖动　　　　　　图 4-20 保留区域

④ 在图片以外的任意位置上单击一次鼠标即可完成图片的裁剪操作。最后再调整图片的位置，再添加相关的修饰元素就可以达到如图 4-14 所示的效果。

03 把图片裁剪为自选图形外观样式

为了设计需求也可以快速将图片的外观更改为自选图形的样式，利用裁剪功能可以达到这一目的。如图 4-21 所示幻灯片中的图片为默认的图片效果，通过对图片裁剪可以得到如图 4-22 所示的效果，可以看到裁剪后的图片更有层次感。

图 4-21 原图　　　　　　图 4-22 裁切为自选图形

① 选中目标图片，在"图片工具 - 格式"选项卡的"大小"组中单击"裁剪"下拉按钮，在下拉菜单中单击"裁剪为形状"命令，在弹出的子菜单中单击"流程图：多文档"图形样式，如图 4-23 所示。

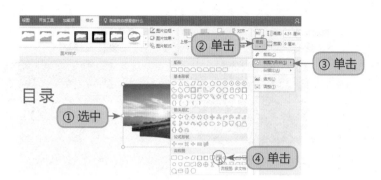

图 4-23 选择裁剪形状

② 此时可将图形裁剪为指定的形状样式，达到如图 4-22 所示的效果。

04 从图片中抠图

插入到幻灯片中的图片通常会包含背景，因此有时显得与幻灯片中的背景不协调，这时就需要将图片的背景删除，就像 Photoshop 中的"抠图"功能一样。如图 4-24 所示是原图片，图 4-25 所示是将其背景删除后的效果。

图 4-24 插入图片

图 4-25 抠图效果

① 选中图片，在"图片工具-格式"选项卡的"调整"组中单击"删除背景"按钮（如图 4-26 所示），即可进入背景消除状态，变色的表示要删除的区域，保持本色的为要保留的区域，如图 4-27 所示。

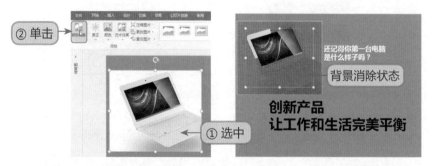

图 4-26 单击"删除背景"按钮　　图 4-27 进入背景消除状态

② 首先调节内部的矩形框，框选要保留的大致区域（如图 4-28 所示）。调节后可

以看到图片中电脑边缘部分已变色，因此在"图片工具-背景消除"选项卡的"优化"组中单击"标记要保留的区域"按钮，如图4-29所示。

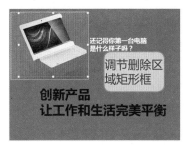

图4-28 调节删除区域矩形框　　图4-29 单击"标记要保留的区域"按钮

③ 将鼠标指针移动到图片上，鼠标指针变为笔的样式，在需要保留的区域上单击并拖动（如图4-30所示），即可添加🔳样式，图片新增了要保留的区域（如图4-31所示）。如果还有想保留已自动变色了的区域，按此方法继续添加，从而进一步修正消除背景的准确性。

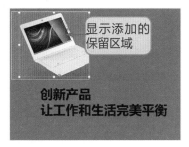

图4-30 单击保留区域　　　　　图4-31 显示添加的保留区域

④ 标记完成后，在"关闭"组中单击"保留更改"按钮（如图4-32所示），即可删除图片背景。

图4-32 单击"保留更改"按钮

如果有想删除而未变色的区域，则在"优化"组中单击"标记要删除的区域"按钮，将鼠标指针移动到图片上，单击需要删除的区域，即可将其标记为要删除的区域。

在标记需要保留或删除的区域时，如果不小心标记错误，可以在"优化"组中单击"删除标记"按钮来删除已做的标记。

05 套用图片样式快速美化图片

图片样式是程序内置的用来快速美化图片的模板,它们一般是应用了多种格式设置,包括边框、柔化、阴影、三维效果等,如果没有特别的设置要求,通过套用样式是快速美化图片的捷径。

① 选中目标图片,在"图片工具 - 格式"选项卡的"图片样式"组中单击""(其他)按钮,在其下拉菜单中显示了可以选择的图片样式,如图 4-33 所示。

图 4-33 打开图片样式列表

② 如图 4-34 和图 4-35 所示分别为套用不同的图片样式后的效果。

图 4-34 应用图片样式　　　　图 4-35 应用图片样式

06 图片的边框修整

如图 4-36 所示,插入图片后将图片更改为圆形的外观样式,通过图片边框自定义设置可以使图片得到修整,美观度和辨识度大大提升,如图 4-37 所示。

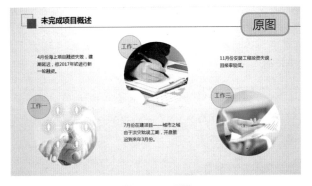

图 4-36 原图

图 4-37 边框修整效果

其方法为：按 Ctrl 键一次性选中所有图片，在"图片工具 - 格式"选项卡的"图片样式"组中单击"图片边框"下拉按钮，在"主题颜色"区域选择边框的颜色，并设置边框的"粗细"值为"4.5 磅"，如图 4-38 所示。

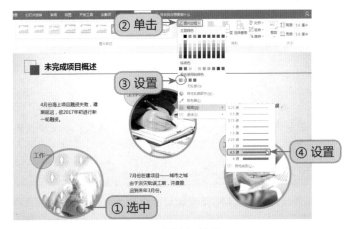

图 4-38 设置边框效果

除了在以上功能区域设置图片的边框效果以外，还可以打开"设置图片格式"右侧窗格进行边框线条的设置。而且在"设置图片格式"右侧窗格可以精确设置图形边框的各个参数值。

（1）选中图片，在"图片工具-格式"选项卡的"图片样式"组中单击"⌐"按钮（如图4-39所示），打开"设置图片格式"右侧窗格，单击"填充与线条"标签按钮，展开"线条"栏，选中"实线"单选按钮，即可设置边框线条的相关参数，如图4-40所示。

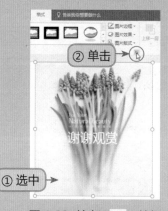

图4-39 单击"⌐"按钮　　　　　图4-40 设置线条参数

（2）如图4-41与图4-42所示分别为不同的边框设置效果。

图4-41 设置效果　　　　　　图4-42 设置效果

07 提升图片亮度

插入图片后，一般图片的色彩亮度和对比度均为0%，如果对图片的色彩不太满意，可以利用软件自带的功能对图片进行简单的调整。如图4-43所示，插入幻灯片中的图片比较暗，可以通过调整图片的亮度和对比度进而达到如图4-44所示的效果。通过调整前后的对比，可以看到调整后的图片效果要好很多。

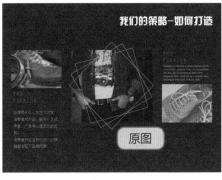

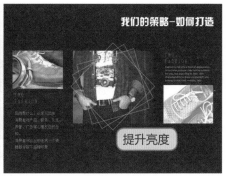

图 4-43 原图　　　　　　　　　　　图 4-44 提升亮度效果

① 选中左边第一个图片，在"图片工具 - 格式"选项卡的"调整"组中单击"更正"下拉按钮，在下拉菜单中套用不同的亮度与对比度样式（如图 4-45 所示），将鼠标指针定位到任意样式，即可以预览其效果，单击即可应用。本例中应用"亮度：20%（正常）对比度：0%（正常）"，效果如图 4-46 所示。

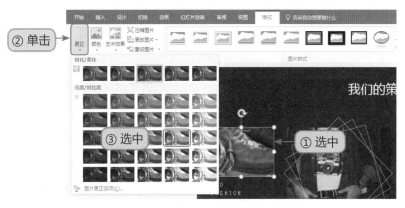

图 4-45 调节图片亮度

图 4-46 图片亮度效果完成

② 按照同样的操作方法可设置其他图片的亮度。

不仅图片的亮度能在软件中调整，图片的颜色也能在幻灯片中进行调整以适用版面基调的需要。

举一反三 （1）选中图片，在"图片工具－格式"选项卡的"调整"组中单击"颜色"下拉按钮，在下拉菜单中显示了可应用的不同色彩，如图 4-47 所示。

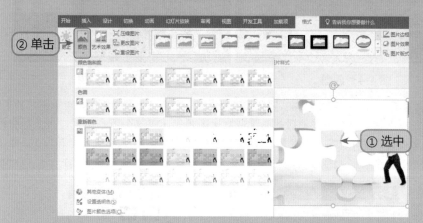

图 4-47 改变图片色彩

（2）如图 4-48 和 4-49 所示为不同的色彩应用效果。

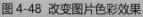

图 4-48 改变图片色彩效果　　　图 4-49 改变图片色彩效果

在"调整"组里还有一项功能，即图片的艺术效果，其功能的应用要根据具体情况而定，一些演示型的 PPT 不适用于此设计，对于产品设计应用类PPT 中的图片可以适当应用此功能。

专家提示

08 柔化图片边缘

普通格式的图片插入到幻灯片中一般都包含边缘，因此常常会给人图片与背景不协调、突兀的感觉，这时可以通过对图片边缘进行柔化处理，使其与背景相互协调，如图 4-50和图 4-51 所示为边缘柔化前后的效果。

图 4-50　原图

图 4-51　柔化图片边缘

其方法为：选中目标图片，在"图片工具 - 格式"选项卡的"图片样式"组中单击"图片效果"下拉按钮，将鼠标指针指向"柔化边缘"命令，在弹出的子菜单"柔化边缘变体"区域中单击"25 磅"，即可达到如图 4-52 所示的效果。

图 4-52　设置边缘柔化效果

第 1 章

第 2 章

第 3 章

第 4 章　图片对象的编辑与排版

第 5 章

第 6 章

第 7 章

第 8 章

举一反三

如果在预设中对效果不满意，可以精确设置其柔化的磅数。

在"柔化边缘"子菜单中单击"柔化边缘选项"命令，打开"设置图片格式"右侧窗格。在"大小"文本框中输入"12"，如图 4-53 所示，这样可以使图片达到柔化的效果。

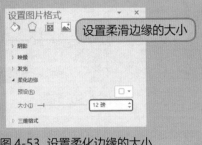

图 4-53 设置柔化边缘的大小

09 增强图片立体感

在幻灯片中，不仅仅能够为文字设置立体的效果，也可以为图片设置立体感，主要从阴影和映像两个方面设置。

1. 阴影

对于插入的图片，可以设置"阴影"效果使其呈现站立效果，如图 4-54 和图 4-55 所示为设置阴影前后的对比图。

图 4-54 原图   图 4-55 图片阴影立体效果

❶ 按住 Ctrl 键不放，依次选中幻灯片中的多张图片，在"图片工具 - 格式"选项卡的"图片样式"组中，单击"图片效果"下拉按钮，将鼠标指针指向"阴影"命令，在弹出的子菜单中单击"偏移：右上"，如图 4-56 所示。

图 4-56 设置预设阴影

②如果对预设的效果不满意，则单击"阴影"子菜单底部的"阴影选项"（如图 4-57 所示），打开"设置图片格式"右侧窗格。

③在"阴影"一栏中，对各项参数进行调整，如图 4-58 所示，参数为达到效果图中样式的参数。

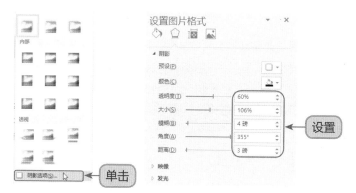

图 4-57 单击"阴影选项"　　　　图 4-58 设置阴影参数

2. 映像

图片的倒影效果可以使画面呈现镜面倒影的效果。如图 4-59 所示为原图片，图 4-60 所示为设置了"紧密映像"效果后的图片。

图 4-59 原图

图 4-60 图片映像效果

❶ 选中目标图片，在"图片工具-格式"选项卡的"图片样式"组中单击"图片效果"下拉按钮，将鼠标指针指向"映像"命令，在弹出的子菜单中单击"全映像: 4磅偏移量"，如图4-61所示。

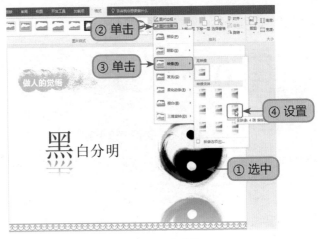

图4-61 设置预设映像

❷ 根据版面将图片移动到合适的位置，即可达到如图4-60所示的效果。

 在"图片效果"下拉菜单中，还有其他的图片设置效果，比如"发光""棱台""三维旋转"等，只要设置得当，就会使图片呈现意想不到的可视化效果。

专家提示

10 提取幻灯片中的图片

如果遇到幻灯片中有好的图片素材，也可以提取将其保存到电脑中，以作为以后设计的备用素材。

❶ 选中图片，单击鼠标右键，在弹出的快捷菜单中选择"另存为图片"命令，如图4-62所示。

图4-62 保存图片

❷ 设置好图片素材的保存路径，并更改文件名，使用默认图片的保存类型，如图4-63所示。

图 4-63 设置保存

4.2 图片的排版

11 全图型幻灯片

全图型幻灯片一般是在幻灯片中插入一张图片,可以将图片作为背景插入,也可以直接插入图片,如图 4-64 和图 4-65 所示的幻灯片效果。

图 4-64 效果图

图 4-65 效果图

全图用于幻灯片中通常都是作为幻灯片的背景来使用。使用全图作为幻灯片的背景时,注意要选用背景相对单一的图片,为文字预留空间,或者使用图形遮挡一部分来预留文字空间。在全图型 PPT 中,文字可以简化到只有一句,这样重要的信息就不会被干扰,观众能完全聚焦在主题上,所以全图型幻灯片在标题幻灯片中使用较多,如图 4-66 和图 4-67 所示的幻灯片效果。

图 4-66 效果图

图 4-67 效果图

12 图片主导型幻灯片

　　图片主导型幻灯片是指图片与文字各占差不多的比例，图片一般使用的是中图，较多的时候会进行贴边的处理，这种排版方式在幻灯片设计中也是很常见的，如图 4-68 和图 4-69 所示的幻灯片效果。

图 4-68 效果图

图 4-69 效果图

　　图片主导型幻灯片一般起到修饰性作用，同时也是内容基调的呈现，能够间接地反映放映主题，如图 4-70 所示。

图 4-70 效果图

13 多个小图型幻灯片

多个小图型幻灯片一般是指在一个版面中应用多个小图，这些小图是一个有联系的整体，具有形象说明同一个对象或者同一个事物的作用。使用多个小图时要注意不能只是图片的堆砌，而是要注意设计统一、合理排放。如图 4-71 所示的幻灯片为图片设置了统一的外观并辅之以图形，使图片有序排列；如图 4-72 所示的幻灯片中的图片对齐放置，下方文本是对图片的说明。

图 4-71 效果图

图 4-72 效果图

14 将多个图片更改为统一的外观样式

在使用多个小图时，通常要为这些图片设置相同的外观，以保证幻灯片布局的整体协调统一，这是一种设计理念，在排版多个图片时要具有这种意识。这种理念我们前面也介绍过，例如为多个图片应用统一的边框效果，如图 4-73 和图 4-74 所示的幻灯片。

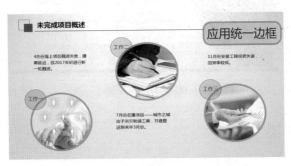

图 4-73　图片应用统一的形状和轮廓线

图 4-74　图片应用统一的轮廓线

还可以套用图片样式，如图 4-75 所示的幻灯片。

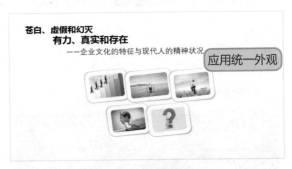

图 4-75　套用图片样式

需要配合 Ctrl 键一次性选中要进行设置的所有图片，然后进行相关操作即可。

专家提示

15 多个小图的快速对齐

一张幻灯片中包含多个小图时，除了应该保持图片具有相同的外观外，同时合理对齐也是排版中的一个重要环节，让多个图片按某一规则对齐，如左对齐、右对齐和居中对齐等。如图 4-76 所示的幻灯片中图片为初步手动调整结果，而通过对齐操作后达到如图 4-77 所示的效果。

图 4-76 未对齐效果

图 4-77 对齐效果

① 按住 Ctrl 键不放，依次选中幻灯片下方的几张图片，在"绘图工具 - 格式"选项卡的"排列"组中单击"对齐"下拉按钮，在下拉菜单中单击"底端对齐"命令（如图 4-78 所示），可以看到图片底端呈对齐状态，如图 4-79 所示。

图 4-78 单击"底端对齐"命令

图 4-79 图片底端对齐

②保持图片为选中状态，在"对齐"按钮的下拉菜单中单击"横向分布"命令，即可达到如图 4-80 所示的效果。

图 4-80 图片"横向分布"对齐

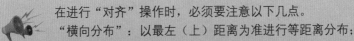

在进行"对齐"操作时，必须要注意以下几点。

"横向分布"：以最左（上）距离为准进行等距离分布；

"纵向分布"：以最右（下）距离为准进行等距离分布；

"顶端分布"：以所有元素中最顶端元素为准；

"底端分布"：以所有元素最底端为准。

16 为多个图片应用 SmartArt 图形快速排版

当幻灯片中存在多个小图时，还可以利用 SmartArt 图形实现快速排版。例如针对如图 4-81 所示的多个图片，可以快速排版成如图 4-82、图 4-83 和图 4-84 所示的效果。

图 4-81 多个图片

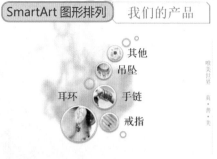

图 4-82 SmartArt 图形排列效果

图 4-83 SmartArt 图形排列效果

图 4-84 SmartArt 图形排列效果

❶ 一次性选中多幅图片，在"图片工具 - 格式"选项卡的"图片样式"组中单击"图片版式"下拉按钮，在下拉菜单中单击"气泡图片列表"SmartArt 图形，还可以有多种种类进行选择，如图 4-85 所示。

❷ 系统会将图片以"气泡图片列表"SmartArt 图形显示出来，如图 4-86 所示。

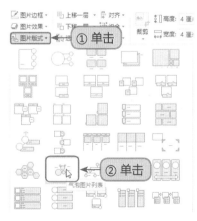

图 4-85 选择图形

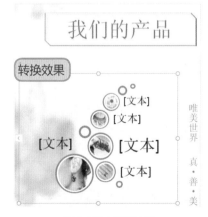

图 4-86 应用效果

❸ 在"文本框"中输入各个产品的名称,如图 4-87 所示。

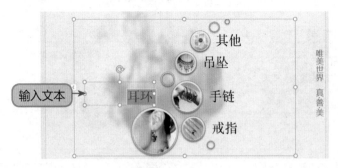

图 4-87 输入文本

❹ 选中图形,在"SmartArt 工具 - 设计"选项卡的"SmartArt 样式"组中单击"▾"下拉按钮,在下拉菜单中选择合适的图形样式,为生成的 SmartArt 图形应用统一图形样式,如图 4-88 所示。

图 4-88 设置图形样式

第 **5** 章

图形对象的编辑与排版

5.1 图形的绘制及编辑

01 从"自选图形"库中选用图形

图形是修饰幻灯片的重要元素，可以利用图形构建幻灯片的目录、绘制图表、凸显修饰文字和设计创意图形等。在幻灯片中使用图形可以为简单的幻灯片增添亮点，增加吸引力。

那么要设计出有创意的图形必须先向幻灯片中绘制图形，如图 5-1 所示，该幻灯片中含有矩形、正菱形和线条等。

图 5-1 添加多个图形

❶ 选中目标幻灯片，在"插入"选项卡的"插图"组中单击"形状"下拉按钮，在其下拉菜单中单击"矩形"，如图 5-2 所示。

❷ 此时鼠标指针变成十字形状，按住鼠标左键拖动即可进行绘制（如图 5-3 所示），释放鼠标即可绘制完成，效果如图 5-4 所示。

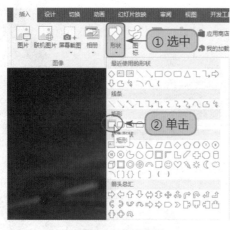

图 5-2 选择形状

图 5-3 绘制形状

好用·PPT 演示高手

图 5-4 绘制完成

③ 保持图形为选中状态，在"绘图工具 - 格式"选项卡的"形状样式"组中单击"形状填充"下拉按钮，在其下拉菜单中的"标准色"区域单击"绿色"（如图 5-5 所示）；在"形状轮廓"下拉菜单中单击"无轮廓"命令，如图 5-6 所示。

图 5-5 设置"形状填充"

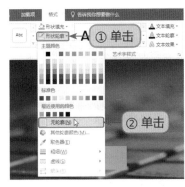

图 5-6 设置"形状轮廓"

④ 在"插入"选项卡的"插图"组中单击"形状"下拉按钮，在下拉菜单中单击"菱形"，如图 5-7 所示。

⑤ 此时鼠标指针变成十字形状，按住 Shift 键的同时拖动鼠标绘制（如图 5-8 所示）。

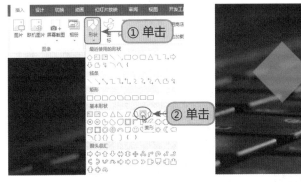

图 5-7 选择形状

图 5-8 绘制形状

⑥ 可得到一个正菱形，效果如图 5-9 所示，单击鼠标右键，在弹出的快捷菜单中单击"置于底层"→"下移一层"命令，执行该命令后，即可看到图形重新叠放后的效果，如图 5-10 所示。

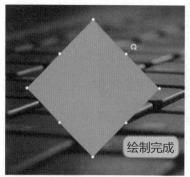

图 5-9 绘制完成

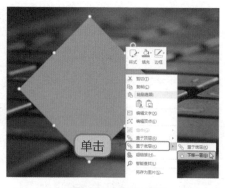

图 5-10 置于底层

⑦ 在"形状填充"下拉菜单中设置图形为"无填充颜色",在"形状轮廓"下拉菜单中"最近使用的颜色"区域单击"绿色",将鼠标指针指向"粗细",在弹出的子菜单中选择"6 磅",如图 5-11 所示。

⑧ 按照同样的操作方法添加其他图形并设置图形的"粗细"为"3 磅","线型"为"圆点",如图 5-12 所示。

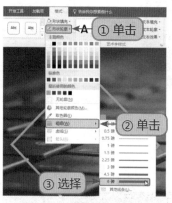

图 5-11 设置形状轮廓

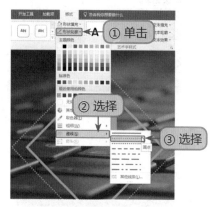

图 5-12 设置形状轮廓

⑨ 接着添加修饰性直线,即可达到如图 5-13 所示的效果,再绘制文本框并输入文字即可完成标题幻灯片的图形设计。

图 5-13 绘制完成

02 调节图形顶点自由创意样式

在"形状"按钮的下拉菜单中可以看到众多的图形样式，除了菜单中列出的规则图形外，还可以通过变换这些图形的顶点来获取更多不规则的图形，这为图形的使用带来更大的灵活性。如图5-14所示的幻灯片中的图形其雏形是一个六边形，通过顶点变换得到新的图形，然后再用这个变换的图形布局幻灯片的页面。

图 5-14 调节顶点得到创意图形

❶ 选中目标幻灯片，在"插入"选项卡的"插图"组中单击"形状"下拉按钮，在其下拉菜单中单击"六边形"（如图5-15所示），完成绘制，如图5-16所示。

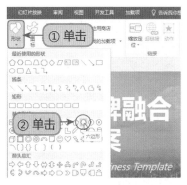

图 5-15 选择形状

图 5-16 绘制完成

❷ 选中图形，单击鼠标右键，在快捷菜单中单击"编辑顶点"命令（如图5-17所示），此时图形显示了红色边框，黑实心正方形突出显示图形顶点，如图5-18所示。

图 5-17 单击"编辑顶点"命令

图 5-18 顶点可编辑

❸ 鼠标指针指向中部左侧顶点，鼠标指针即变为"✛"样式，（如图5-19所示）。按住鼠标左键不放并拖动顶点（如图5-20所示），到适当位置释放鼠标。

图 5-19 定位顶点 　　　　　　　　图 5-20 拖动顶点

④ 鼠标指针指向中部右侧顶点，按住鼠标左键不放进行拖动到合适位置，如图 5-21 所示。

⑤ 鼠标指针指向左下方顶点，按住鼠标左键不放进行拖动到合适位置，如图 5-22 所示。

图 5-21 拖动顶点 　　　　　　　　图 5-22 拖动顶点

⑥ 鼠标指针指向左上方顶点，按住鼠标左键不放进行拖动到合适位置，如图 5-23 所示。

⑦ 接下来再添加"等腰三角形"，并垂直旋转，贴边放置，如图 5-24 所示。再对图形进行调整，完成后的布局效果如图 5-25 所示。

图 5-23 拖动顶点 　　　　　　　　图 5-24 添加图形

图 5-25 绘制完成

⑧ 接着设置图形的格式并添加修饰性图形、文本框并输入文字即可得到如图 5-14 所示标题幻灯片的图形设计。

如果想得到不规则曲线，该如何操作呢？如图 5-26 所示的图形就是通过矩形顶点变换而得到的不规则曲线图形。

图 5-26 不规则图形

（1）选中图形，在右键快捷菜单中单击"编辑顶点"命令，图形出现红色边框，将鼠标指针指向图形的非顶点任意边缘点（如图 5-27 所示），按住鼠标左键向右水平移动，即可产生曲线，并且旁边出现白色调节柄，如图 5-28 所示。

（2）拖动白色调节柄可调整曲线的曲率和曲率半径，如图 5-29 所示。

图 5-27 定位边缘点　　　图 5-28 拖动顶点　　　图 5-29 调节白色调节柄

03 用好"任意多边形"创意图形

在"形状"按钮的下拉菜单的"线条"栏中可以看到如图 5-30 所示的几种线条，利用它们可以自由地绘制任意图形，可谓只要有设计思路就能创造任意图形。

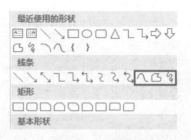

图 5-30 示意图

- ⌒ 曲线：用于绘制自定义弯曲的曲线，自定义曲线可以根据设计思路用来装饰画面。
- ⌂ 任意多边形 - 形状：可自定义绘制不规则的多边形，通常自定义绘制图表时会用到。
- ⌇ 任意多边形 - 自由曲线：绘制任意自由的曲线。

1. 任意多边形：形状

接下来以如图 5-31 所示的幻灯片效果为例，学习如何使用"⌂"（任意多边形：形状）工具来绘制图形。

图 5-31 自定义图形

❶ 选中目标幻灯片，在"插入"选项卡的"插图"组中单击"形状"下拉按钮，在下拉菜单中选择"自由 - 形状"，此时鼠标指针变为十字形状。

❷ 在需要的位置单击鼠标左键创建第一个顶点后释放鼠标并拖动鼠标，到达需要的位置后单击鼠标左键创建第二个顶点，如图 5-32 所示。

❸ 再拖动鼠标继续绘制（如图 5-33 所示），依次绘制直至回到图形的起始点，单击鼠标即可完成封闭图形的绘制，如图 5-34 所示。

图 5-32 到顶点单击一次　　图 5-33 到顶点单击一次　　图 5-34 到终点单击一次

④ 得到封闭的图形后（如图 5-35 所示），在"绘图工具 - 格式"选项卡的"形状样式"组中设置图形格式。

⑤ 按照相同的方法可以绘制其他图形并设置不同的图形填充效果，如图 5-36 所示。

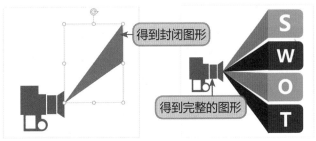

图 5-35 得到封闭图形　　　　图 5-36 得到完整的图形

2. 曲线

接下来介绍" "（任意多边形 - 自由曲线）工具的使用方法，以绘制图 5-37 所示的图形为例。

图 5-37 曲线图形

① 选中目标幻灯片，在"插入"选项卡的 "插图"组中单击"形状"下拉按钮，在下拉菜单中选择"曲线"，此时鼠标指针变为十字形状。

② 在需要的位置单击鼠标左键创建第一个顶点，拖动鼠标到达需要的位置后单击鼠标左键创建第二个顶点，如图 5-38 所示。

③ 再拖动鼠标继续绘制，每到曲线转折点处单击鼠标左键一次，如图 5-39 所示。

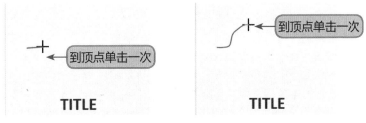

图 5-38 到顶点单击一次　　　　图 5-39 到顶点单击一次

④ 继续绘制（如图 5-40 所示），到达结束位置时，可指向起始点单击一次即可得到封闭的图形，如图 5-41 所示。

图 5-40 到顶点单击一次　　　图 5-41 到顶点单击一次

⑤ 按 Ctrl+C 组合键复制图形，再配合 Ctrl+V 组合键粘贴，这样就可以依次得到多个相同的图形。最后在"绘图工具 - 格式"选项卡的"形状样式"组中设置图形格式，达到如图 5-37 所示的效果。

04 "合并形状"很神奇

PowerPoint 2016 中提供了一个"合并形状"的功能按钮，利用它可以对多个图形进行联合、合并、相交、剪除操作，从而得出新的图形样式。这项功能如同为图形的创意又增添了一把利剑。接下来将介绍利用"合并形状"下的"联合"和"组合"两个子功能来制作创意图形。

1. 联合

如图 5-42 所示的图形为应用"联合"功能完成的效果。

图 5-42 图形联合效果

① 打开目标幻灯片，在"插入"选项卡的"插图"组中单击"形状"下拉按钮，在下拉菜单中选择"矩形"并绘制（如图 5-43 所示），按 Ctrl+C 组合键复制，按 Ctrl+V 组合键粘贴，调整图形的大小及位置，如图 5-44 所示。

② 同时选中两个图形，在"绘图工具 - 格式"选项卡的"插入形状"组中单击"合并形状"下拉按钮，在下拉菜单中单击"联合"命令（如图 5-45 所示），此时多图形合并成为一个形状，如图 5-46 所示。

图 5-43 绘制图形   图 5-44 复制图形

图 5-45 单击"联合"命令   图 5-46 联合形状

③ 在"绘图工具-格式"选项卡的"形状样式"组中选择相关功能对图形边框及填充效果进行设置(如图 5-47 所示)。按 Ctrl+C 组合键复制图形,再按 Ctrl+V 组合键进行粘贴可以得到多个相同的图形,并进行叠加以达到立体效果。再继续添加文本框和小图标,完成效果如图 5-48 所示。

图 5-47 设置格式   图 5-48 复制得到批量图形

2. 组合

如图 5-49 所示的图形为应用"组合"功能完成的效果。

图 5-49 图形组合效果

① 打开目标幻灯片，在"插入"选项卡的"插图"组中单击"形状"下拉按钮，在下拉菜单中选择"矩形"并进行绘制（如图 5-50 所示）。再选择"等腰三角形"，绘制完成过后，同时选中两个图形，如图 5-51 所示。

图 5-50 绘制图形　　　　图 5-51 绘制图形

② 在"绘图工具 - 格式"选项卡的"插入形状"组中单击"合并形状"下拉按钮，在弹出的下拉菜单中单击"组合"命令（如图 5-52 所示），达到如图 5-53 所示的效果。

图 5-52 单击"组合"命令　　　图 5-53 图形组合

③ 得到组合后的合并图形后，在"绘图工具 - 格式"选项卡的"形状样式"组中选择相关功能设置图形格式，达到如图 5-54 所示的效果。

④ 选中图形 Ctrl+C 组合键复制，按 Ctrl+V 组合键粘贴，从而得到多个完全相同的图形。再将图形旋转 360°，得到开口向右的组合图形，并添加文本框和小图标，达到如图 5-55 所示的效果。

图 5-54 设置图形格式　　　图 5-55 批量应用

"合并形状"功能除了以上两种合并方式外，还可以通过其他合并方式得到更多的图形经合并而形成的创意图形。

下面给出一组图形合并对比效果，如图 5-56 所示。第一幅图为两个图形的原始形状，对这两个形状执行不同的组合命令可得到不同的形状。

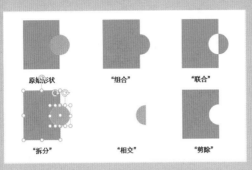

图 5-56 图形合并效果图

05 图形的位置、大小调整

在幻灯片中插入图形后，无论是作为幻灯片的主体元素出现，还是作为修饰性元素出现，其位置和大小需要根据当前排版做一些调整，使其美观度能够适应幻灯片整体布局的要求。如图 5-57 所示的图形经过适当地调整能够有效地装饰版面并起到修饰图片的作用。

图 5-57 图形调整效果图

❶ 打开目标幻灯片，在"插入"选项卡的"插图"组中单击"形状"下拉按钮，在下拉菜单中选择"直角三角形"并绘制，如图 5-58 所示。

❷ 按 Ctrl+C 组合键复制，按 Ctrl+V 组合键粘贴，并将鼠标指针定位到图片除拐角尺寸控制点外的其他任意位置，鼠标指针变为""样式（如图 5-59 所示），此时按住鼠标左键不放，鼠标指针变为"✥"样式，可将图形移动到合适的位置并释放鼠标，如图 5-60 所示。

❸ 再将鼠标指针定位于旋转图标上（如图 5-61 所示），按住鼠标左键不放对图形进行旋转（如图 5-62 所示），可将图形旋转到合适的位置再释放鼠标，如图 5-63 所示。

第1章
第2章
第3章
第4章
第5章 图形对象的编辑与排版
第6章
第7章
第8章

图 5-58 绘制图形

图 5-59 复制图形

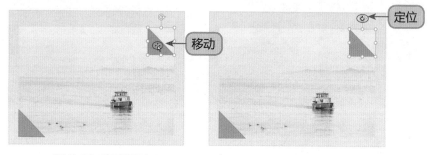

图 5-60 移动图形　　　　图 5-61 定位旋转点

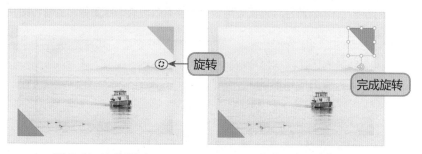

图 5-62 旋转图形　　　　图 5-63 旋转完成

④ 在"插入"选项卡的"插图"组中单击"形状"下拉按钮，在下拉菜单中选择"矩形"并绘制（如图 5-64 所示），绘制图形效果如图 5-65 所示。

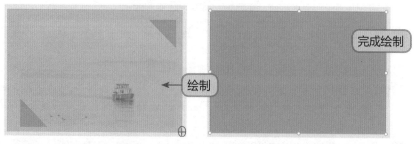

图 5-64 绘制图形　　　　图 5-65 绘制完成

⑤ 矩形绘制完成后，设置图形的格式，在"绘图工具-格式"选项卡的"形状样式"组中选择相关功能来设置图形格式，设置粗线边框，无填充，达到如图5-66所示的效果。

⑥ 此时将鼠标指针定位到图形边缘除尺寸控制点外的任意位置，借助对齐引导线得到与图片居中对齐的效果，如图5-67所示。

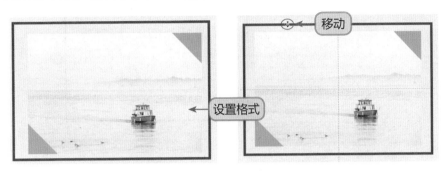

图 5-66 设置图形的格式　　　　　　图 5-67 移动到正中间

⑦ 选中两个贴边直角三角形，在"绘图工具-格式"选项卡的"大小"组中单击"⌐"按钮（如图5-68所示），打开"设置形状格式"右侧窗格，在"大小"一栏中选中"锁定纵横比"复选框，如图5-69所示。

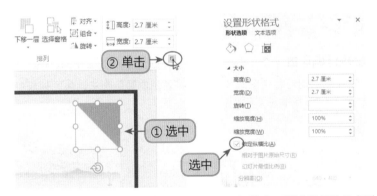

图 5-68 单击"⌐"按钮　　　　图 5-69 选中"锁定纵横比"复选框

⑧ 此时可对贴边等腰三角形进行等比例放大或缩小（如图5-70所示），使之达到比较合适的尺寸，如图5-71所示。

图 5-70 等比例缩放图形　　　　　　图 5-71 完成缩放

⑨ 最后再在适当的位置添加其他图形（如图 5-72 所示），添加文本框补充信息后可达到如图 5-57 所示的效果。

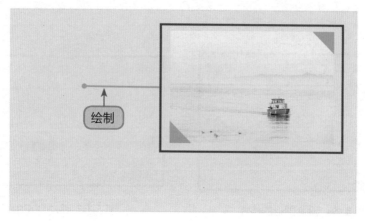

图 5-72 绘制完成

06 精确定义图形的填充颜色

图形在幻灯片中的使用是非常频繁的，通过绘制图形、图形组合等可以获取多种不同的版面效果。那么绘制图形后，合理填充颜色是美化图形的一个重要的步骤。

1. 设置颜色 RGB 值

如图 5-73 所示的幻灯片中图形与图片边框使用的颜色在主题颜色列表中无法直接找到，因为它是通过 RGB 精确设置得到的颜色。

图 5-73 定义图形填充颜色

① 选中所有图形，在"绘图工具 - 格式"选项卡的"形状样式"组中单击"形状填充"下拉按钮，在其下拉菜单中单击"其他填充颜色"命令（如图 5-74 所示），打开"颜色"对话框。

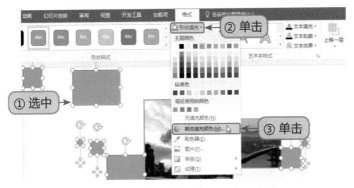

图 5-74 单击"其他填充颜色"命令

❷ 在"颜色"对话框中单击"自定义"标签按钮（如图 5-75 所示），可以分别在"红色（R）""绿色（G）"和"蓝色（B）"文本框中输入数值（如图 5-76 所示），从而设置精确的颜色值。

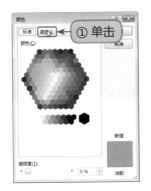

图 5-75 单击"自定义"

图 5-76 输入 RGB 值

❸ 选中所有图片，在"图片工具 - 格式"选项卡的"图片样式"组中单击"图片边框"下拉按钮，可在"最近使用的颜色"区域中找到上面使用过的颜色，单击即可为图片边框应用该颜色，如图 5-77 所示。

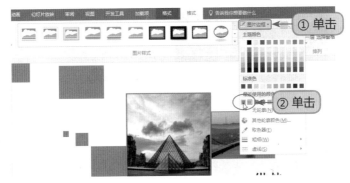

图 5-77 图片边框自定义轮廓颜色

RGB 色彩模式是工业界的一种颜色标准，是通过设置红（R）、绿（G）、蓝（B）三个颜色通道的变化以及它们相互之间的叠加来得到各式各样的颜色的。这个标准几乎包括了人类视力所能感知的所有颜色，是目前运用最广泛的颜色系统之一。

2. 用好取色器

在第 1 章我们讲解了"取色器"的使用，这项功能在设置图形填充颜色时也是非常实用的，如果只是看中了某个颜色但却并不知道它的 RGB 值，则可以通过取色器拾取该颜色并应用到当前图形上，如图 5-78 所示。

图 5-78 拾取颜色效果图

① 将所需要引用其色彩的图片复制到当前的幻灯片中来（先暂时放置，用完之后再删除），如图 5-79 所示。

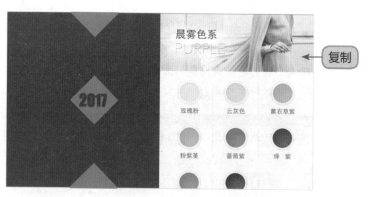

图 5-79 复制图片

② 选中需要更改颜色的图形，在"绘图工具 - 格式"选项卡的"形状样式"组中的单击"形状填充"下拉按钮，在打开的下拉菜单中单击"取色器"命令，如图 5-80 所示。

③ 此时鼠标指针变为类似于笔的形状，将其移到想取颜色的位置，就会拾取该位置下的色彩，如图 5-81 所示。

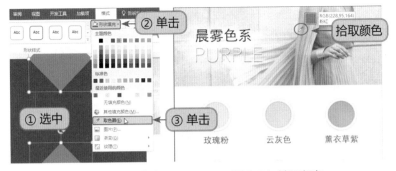

图 5-80　单击"取色器"命令　　　　图 5-81　拾取颜色

④ 确定填充颜色后，单击鼠标左键，即可完成对该颜色的拾取，最后再删除为引用颜色而插入的图片，如图 5-82 所示。

图 5-82　拾取完成

07　渐变填充美化图形

绘制图形后默认都是以单色填充的，应用渐变填充可以让图形更具层次感，可根据当前的设计需求合理地为图形设置渐变填充效果。如图 5-83 所示为设置底图渐变填充后的图形效果。

图 5-83　设置图形渐变填充效果

❶ 选中图形，在"绘图工具 - 格式"选项卡的"形状样式"组中单击" ▪ "按钮（如图 5-84 所示），打开"设置形状格式"右侧窗格。

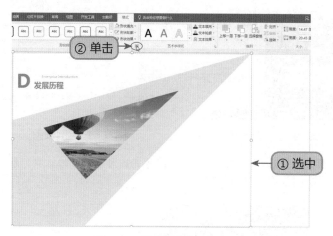

图 5-84 单击" ▪ "按钮

❷ 单击"填充与线条"标签按钮，在"填充"栏选中"渐变填充"单选按钮。在"预设渐变"下拉列表中选择"浅色渐变 - 个性色 4"，如图 5-85 所示，设置完成后如图 5-86 所示。

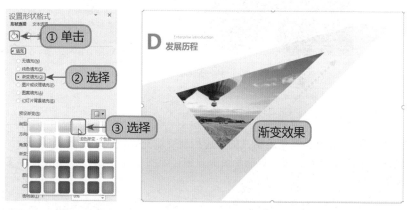

图 5-85 设置渐变预设　　　　　图 5-86 渐变效果

❸ 在"类型"下拉列表框中选择"线性"；在"方向"下拉列表框中选择"线性向上"（如图 5-87 所示），达到如图 5-88 所示的渐变效果。

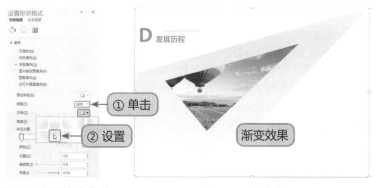

| 图 5-87 设置渐变参数 | 图 5-88 渐变效果 |

④ 通过单击""按钮，可以减少渐变光圈的个数，选中任意一个光圈，可重新设置光圈颜色（如图 5-89 所示），设置完成后可达到如图 5-90 所示的渐变效果。

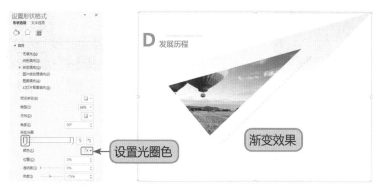

| 图 5-89 设置光圈 | 图 5-90 渐变效果 |

⑤ 再在适当的位置添加文本框补充信息后即可达到如图 5-83 所示的效果。

08 轮廓线美化图形

图形边框线条的设置也是图形美化的一项操作，如图 5-91 所示为圆形应用了粗线条轮廓，且为内部圆形应用了虚线的轮廓效果。

图 5-91 图形轮廓线美化

❶ 选中内侧图形（如图 5-92 所示），在"绘图工具 - 格式"选项卡的"形状样式"组中单击"⌐"按钮，打开"设置形状格式"右侧窗格。

❷ 单击"填充"栏，选中"幻灯片背景填充"单选按钮；单击"线条"栏，选择"实线"单选按钮，在"颜色"下拉列表框中单击标准色"橙色"，并将"宽度"设置为"2磅"，在"短划线类型"下拉列表框中选择"方点"（如图 5-93 所示），效果如图 5-94 所示。

图 5-92 选中图形　　　　图 5-93 设置线条参数　　　　图 5-94 完成效果

❸ 选中外侧图形，在"线条"栏中选中"实线"单选按钮，在"颜色"下拉列表框中单击标准色"橙色"，将"宽度"设置为"9磅"（如图 5-95 所示），效果如图 5-96 所示。

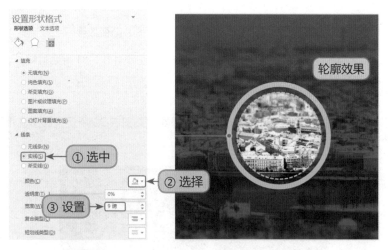

图 5-95 设置线条参数　　　　　　图 5-96 完成效果

❹ 设置连接圆形内部的直线颜色为"橙色"，单击"关闭"按钮完成设置，即可让选中的图形达到如图 5-97 所示的效果。

图 5-97　设置线条颜色

 "幻灯片背景填充"的填充方式是一个很有个性的填充功能，设置图形以幻灯片背景填充后，图形移动什么位置就会以当前位置上的背景来填充图形。

专家提示

09　设置图形半透明的效果

添加图形后，我们经常能看到半透明的设计效果，这种设计效果能够使幻灯片朦胧化而不失美感。如图 5-98 所示为设置了图形的半透明效果，使得幻灯片背景与图形、文字之间相得益彰。

图 5-98　图形半透明效果

❶ 配合 Ctrl 键选中所有要调整的图形（如图 5-99 所示），在"绘图工具 - 格式"选项卡的"形状样式"组中单击"▫"按钮，打开"设置形状格式"右侧窗格。

❷ 在"填充"栏中，选中"纯色填充"单选按钮，在"透明度"文本框中输入"33"（或拖动"透明度"滑块微调整），如图 5-100 所示。

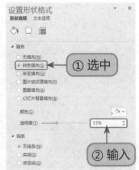

图 5-99 选中图形　　　　　　　　图 5-100 设置透明度

专家提示
在本章02和08的例子中，可以看到幻灯片的背景上都应用了半透明的图形，可见半透明图形的应用也是很广泛的。

10　立体图形效果

同立体化文字和立体化图片一样，图形也可以设置立体化效果，阴影、三维特效都能使图形呈现立体化。

1.阴影

如图 5-101 所示为原图，图 5-102 所示为序号修饰框添加阴影特效后的效果，通过对比图形可见，只通过添加一个阴影即可让图形呈现立体感。

图 5-101　原图形　　　　　　　　图 5-102　阴影立体效果

① 选中需要设置阴影的图形，在"绘图工具 - 格式"选项卡的"形状样式"组中单击"形状效果"下拉按钮，在下拉菜单的"阴影"子菜单中提供了多种阴影预设效果，选中即可预览，单击即可应用，比如"偏移：右"，如图 5-103 所示。

② 如果预设中找不到满意的效果，单击"阴影选项"命令（如图 5-104 所示），打开"设置形状格式"右侧窗格，可继续对阴影参数进行调整，如图 5-105 所示，完成效果如图 5-106所示。

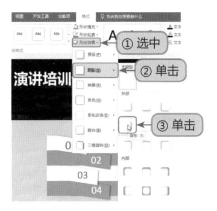

图 5-103 预设阴影

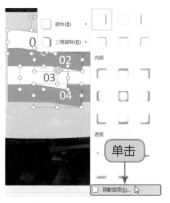

图 5-104 单击"阴影选项"

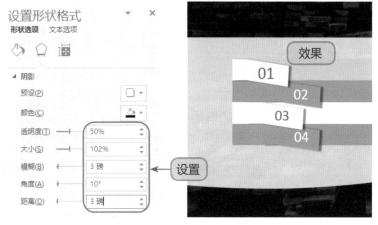

图 5-105 设置阴影参数　　　　　图 5-106 阴影效果

2. 三维特效

三维特效是美化图形的一种常用方式，如将图 5-107 所示的图形更改为如图 5-108 所示的三维效果。

图 5-107 原图形　　　　　　图 5-108 设置阴影和棱台

① 选中曲线，单击鼠标右键，在右键快捷菜单中单击"设置形状格式"命令（如图 5-109 所示），打开"设置形状格式"右侧窗格。

② 单击"效果"标签按钮，展开"阴影"栏，设置各项阴影参数来制作曲线的阴影效果，如图 5-110 所示（图中显示的是达到效果图中样式的参数）。

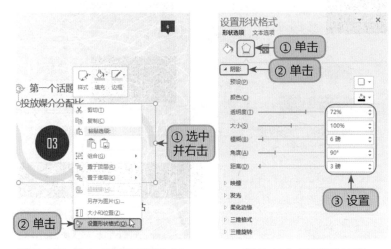

图 5-109 单击"设置形状格式"   图 5-110 设置阴影参数

③ 选中所有圆形（如图 5-111 所示），展开"三维格式"栏，在"顶部棱台"下拉列表中单击"圆形"（如图 5-112 所示），即可达到效果图中的效果。

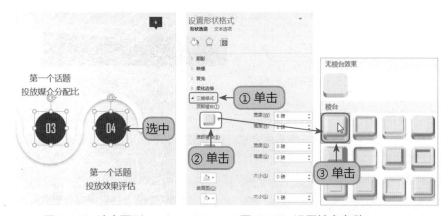

图 5-111 选中图形   图 5-112 设置棱台参数

专家提示

当设置了图形的三维特效后，如果想快速还原图形，可以在"设置形状格式"右侧窗格中切换到"三维格式"或"三维旋转"栏，单击"重置"按钮即可。

除了应用特效来设置图形的立体效果，很多时候也使用多图形叠加来实现立体化效果。如图 5-113 所示图中使用了多个矩形进行拼接，并通过为它们设置不同的渐变来实现立体化效果；如图 5-114 所示图中的球体，使用了多个圆形或椭圆进行拼接，并为它们设置了不同的渐变，从而在视觉上给人立体的感觉。从这两幅图中可以看到，使用多图形叠加来实现立体化效果时，图形的渐变设置非常重要，在 5.2 小节的范例设计中我们会仔细讲解有关渐变参数的设置。

图 5-113 效果图

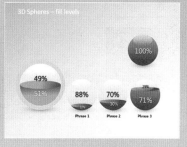

图 5-114 效果图

11 图形镜面映像效果

对于插入的图形，还可以使用"映像"效果来增强其立体感，如将图 5-115 所示的图形更改为如图 5-116 所示的样式就需要使用到"映像"功能。

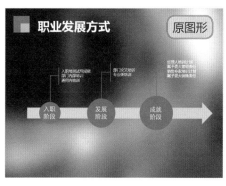

图 5-115 原图形

图 5-116 图形映像效果

❶ 选中要设置映像效果的形状，在"绘图工具 - 格式"选项卡的"形状样式"组中单击"形状效果"下拉按钮，在其下拉菜单的"映像"子菜单中提供了多种预设效果，选中即可预览，单击即可应用，本例中单击"半映像：4 磅偏移量"，如图 5-117 所示。

❷ 如果对预设效果不满意，单击"映像选项"命令，打开"设置形状格式"右侧窗格，单击"效果"标签按钮，展开"映像"栏，对映像参数进行调整，如图 5-118 所示。

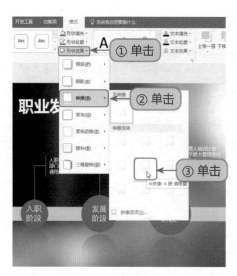

图 5-117 预设映像

图 5-118 设置参数

12 为多对象应用统一操作

在编辑幻灯片时，经常要对多个对象操作，如图形、图片、文本框等。如果要为多个对象应用同一操作，在操作前需要准确地选中对象。很多人会使用 Ctrl 键配合鼠标的选取方式，如果选择的对象数量不多且不重叠，使用此方法当然可行，但如果对象数量众多且叠加显示，建议采用如下方法一次性选中对象。

❶ 在"开始"选项卡的"编辑"组中单击"选择"下拉按钮，在其下拉菜单中单击"选择对象"命令就可以开启选择对象的功能，如图 5-119 所示，系统默认是开启的，如果被他人无意中关闭了，则可按此方法开启。

图 5-119 单击"选择对象"命令

❷ 按住鼠标左键拖出一个矩形框选中所有需要选择的对象（如图 5-120 所示），释放鼠标即可将框选位置上的所有对象都选中，如图 5-121 所示。

❸ 例如要重新更改它们的线条颜色及填充颜色，可以在"绘图工具 - 格式"选项卡的"形状样式"组中单击"形状填充"下拉按钮，在下拉菜单的"主题颜色"区域中单击"白色，背景 1"（如图 5-122 所示）；在"形状轮廓"下拉菜单的"主题颜色"区域中单击"白色，背景 1"（如图 5-123 所示），就可以一次性为所有选中的对象更改线条颜色和填充颜色。

图 5-120 框选对象

图 5-121 全部选中

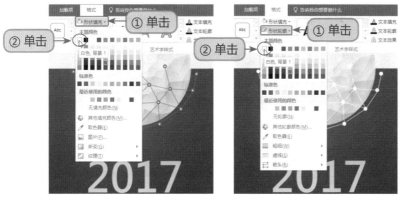

图 5-122 设置形状填充　　　　　图 5-123 设置轮廓

13 随心所欲对齐多图形

在制作幻灯片时经常是多个图形同时使用,在多个图形使用中有一个重要的原则,就是该对齐的对象一定要保持对齐,否则会使页面元素凌乱,影响幻灯片的整体布局效果。如图 5-124 所示为制作时未排列前的图形,而如图 5-125 所示的图形排列整齐、工整大方。

图 5-124 原排列效果　　　　　图 5-125 图形整齐排列效果

要想实现对多图表的快速排列可以按如下操作步骤来实现。

❶ 选中所有序号图形，在"绘图工具-格式"选项卡的"排列"组中单击"对齐"下拉按钮，在下拉菜单中单击"左对齐"命令（如图 5-126 所示），即可达到如图 5-127 所示的效果。

图 5-126 单击"左对齐"命令　　　图 5-127 左对齐效果

❷ 执行"左对齐"命令之后，需要图形在纵向上也保持相同间距。保持图形的选中状态，单击"对齐"下拉按钮，在下拉菜单中选择"纵向分布"命令（如图 5-128 所示），就可以达到如图 5-129 所示的效果。

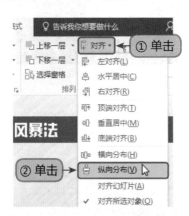

图 5-128 单击"纵向分布"命令　　　图 5-129 整齐排列

❸ 按照同样的操作方法将右侧显示文字的图形分别与前面的序号形状对齐。

14 组合设计完成的多对象

当使用多个对象完成一个设计后，可以将多个对象组合成一个对象，方便整体移动或调整。

❶ 按住鼠标左键框选所有需要组合的对象（如图 5-130 所示），释放鼠标即可将框选位置上的所有对象都选中，如图 5-131 所示。

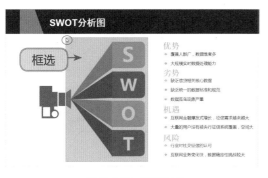

图 5-130 框选对象　　　　　图 5-131 全部选中

② 在"绘图工具 - 格式"选项卡的"排列"组中单击"组合"下拉按钮，在下拉菜单中单击"组合"命令 (如图 5-132 所示)，操作完成之后，即将所有的图形组合为一个对象，如图 5-133 所示。

图 5-132　单击"组合"命令

图 5-133　组合为一个对象

专家提示　组合为一个对象的图形要取消组合时，可以选中图形，在"绘图工具 - 格式"选项卡的"排列"组中单击"组合"下拉按钮，在下拉菜单中选择"取消组合"命令即可。

15 制作立体便签效果

通过 5.1 节中对图形进行绘制及编辑，我们可以看到图形是幻灯片中一个不可缺少的元素。如图 5-134 所示的幻灯片，通过多个图形叠加形成立体便签效果。接下来将详细介绍此图的设计步骤。

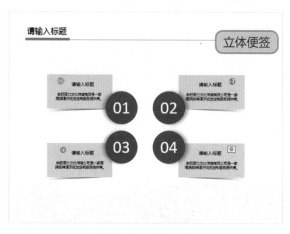

图 5-134 立体便签

❶ 绘制一个矩形（如图 5-135 所示），设置其无边框和纯色填充，填充颜色为"蓝色，个性色 5，淡色 60%"，完成效果如图 5-136 所示。

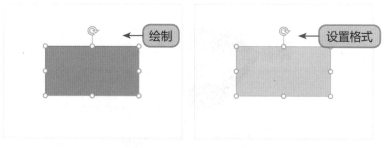

图 5-135 绘制图形 　　　　　图 5-136 设置图形格式

❷ 再插入一个矩形（如图 5-137 所示），在图形上单击鼠标右键，在右键快捷菜单中单击"编辑顶点"命令，然后拖动顶点，使之成为三角形（如图 5-138 所示），然后拖动非顶点进行调整（如图 5-139 所示），调整后的图形类似一个细长的三角形（如图 5-140 所示），此时向上拖动图形尺寸控制点，使之成为如图 5-141 所示宽度的图形。

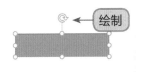

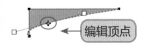

图 5-137 绘制图形　　　　图 5-138 编辑顶点　　　　图 5-139 编辑项点

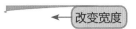

图 5-140 完成编辑　　　　　图 5-141 改变宽度

❸ 为图形设置渐变填充。在"设置形状格式"右侧窗格中设置"类型"为"线性"；"角度"为"270°"；保持三个渐变光圈（如图 5-142 所示），各个光圈的"位置"和"颜色"对应如组图 5-143 所示。

图 5-142 设置渐变

图 5-143 渐变光圈参数明细

❹ 设置完成后的效果如图 5-144 所示。然后将长三角形放置于之前绘制矩形的底部位置，形成影子的效果，两图相结合后就可以看到图形立即呈现立体化，如图 5-145 所示。

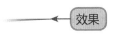

图 5-144 设置效果　　　　　图 5-145 图形叠加

❺ 再插入一个正圆形，在"设置形状格式"右侧窗格中设置图形的阴影效果，具体参数如图 5-146 所示，"透明度"为"60%"、"大小"为"98%"、"模糊"为"12 磅"、"角

度"为"180°"和"距离"为"8磅",圆形的阴影效果如图5-147所示。

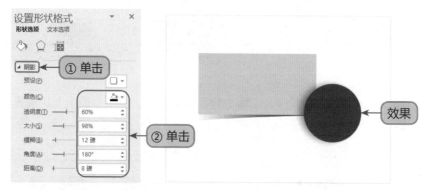

图 5-146 设置正圆形阴影参数　　　　　图 5-147 叠加效果

⑥ 得到第一组左侧的图形后,通过复制得到第二组。这两组图形是完全一样的,可以先将复制的第二组中的三个图形进行组合,然后执行一次"水平翻转"的操作(如图5-148所示),即可得到图5-149所示的效果。注意翻转后得到的图形需要对圆形的阴影角度重新设置。

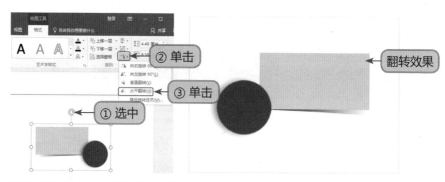

图 5-148 单击"水平翻转"命令　　　　图 5-149 翻转图形

⑦ 将所有图形组合起来,最终的完成效果如图5-150所示,即为应用于幻灯片的效果。

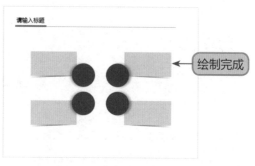

图 5-150 制作完成

16 制作逼真球形

如图 5-151 所示的球体，直接在"插入"选项卡的"插图"组中"形状"下拉菜单里是无法直接绘制此立体球形的，需要通过图形的叠加来完成立体效果，这里最重要的操作步骤是渐变的设置与圆形的变换。接下来介绍具体制作步骤。

图 5-151 逼真球体

① 插入圆形（如图 5-152 所示），设置其无边框、纯色填充，填充颜色如图 5-153 所示），完成后如图 5-154 所示。

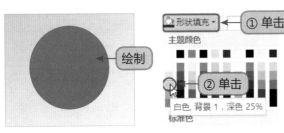

图 5-152 绘制图形　　图 5-153 设置形状填充　　图 5-154 完成效果

② 复制该圆形，等比例调整图形，调小一点，放于原图的内部，选中内部图形（如图 5-155 所示）。在"设置形状格式"右侧窗格中为其设置渐变，具体参数如图 5-156 所示，"类型"为"线性"、"角度"为"90°"，保持两个渐变光圈，"位置"和"颜色"对应如组图 5-157 所示，完成效果如图 5-158 所示。

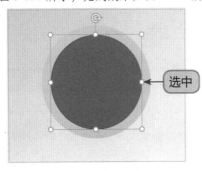

图 5-155 添加图形　　　　图 5-156 设置渐变

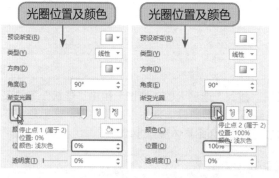

图 5-157 渐变光圈参数明细

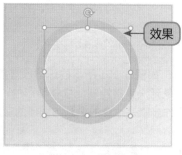

图 5-158 设置效果

❸ 接下来插入月牙形图形（如图 5-159 所示），在图形上单击鼠标右键，在弹出的快捷菜单中单击"编辑顶点"命令，然后拖动顶点，使月牙形弧度减小（如图 5-160 所示）。设置其无边框和"渐变填充"，具体参数如图 5-161 所示，"类型"为"线性"、"角度"为"180°"，保持两个渐变光圈，光圈"位置"和"颜色"对应如组图 5-162 所示，完成效果如图 5-163 所示。

图 5-159 绘制图形　　　　　图 5-160 编辑点　　　　　图 5-161 设置渐变

光圈位置及颜色

图 5-162 渐变光圈参数明细

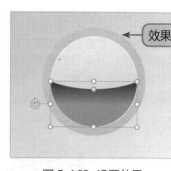

图 5-163 设置效果

❹ 再插入椭圆形，并调节椭圆形的上下尺寸调节控制点，使之压缩为如图 5-164 所示的形状。同样也设置其无边框和"渐变填充"，具体参数如图 5-165 所示，"类型"为"射线"，保持两个渐变光圈，光圈"位置"和"颜色"对应如组图 5-166 所示，完成效果如图 5-167 所示。

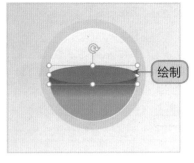

图 5-164 绘制图形

图 5-165 设置渐变

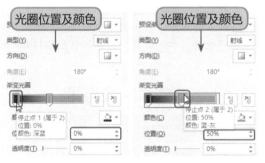

图 5-166 渐变光圈参数明细

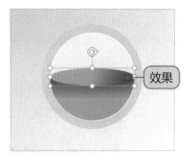

图 5-167 设置效果

⑤ 复制椭圆形,并调节椭圆形的尺寸调节控制点,使之成为如图 5-168 所示的形状。设置其无边框和渐变填充,具体参数设置如图 5-169 所示,"类型"为"线性"并保持两个渐变光圈,光圈的"位置"和"颜色"对应如组图 5-170 所示,完成效果如图 5-171所示。

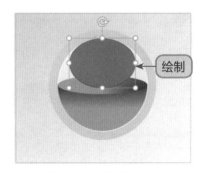

图 5-168 绘制图形

图 5-169 设置渐变

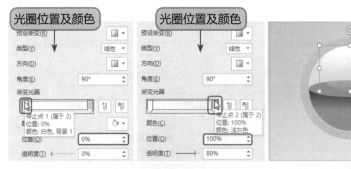

图 5-170 渐变光圈参数明细　　　图 5-171 完成效果

⑥ 再复制一个椭圆形，将其移动到球形底部，并调节椭圆形尺寸调节控制点，使之成为如图 5-172 所示的形状。设置其无边框和渐变填充，具体参数如图 5-173 所示，"类型"为"路径"，保持两个渐变光圈，光圈"位置"和"颜色"对应如组图 5-174 所示，完成效果如图 5-175 所示。

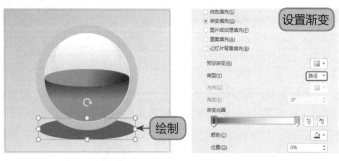

图 5-172 绘制图形　　　图 5-173 设置渐变

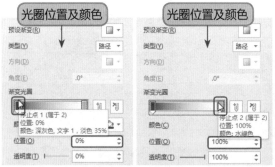

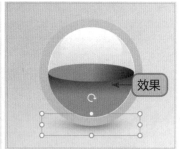

图 5-174 渐变光圈参数明细　　　图 5-175 设置效果

⑦ 此时球体就已绘制完成，最后再添加图案背景，填充在版面的效果如图 5-176 所示。

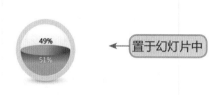

图 5-176 置于幻灯片中

专家提示 更改表达球体内部物体所占比的大小，关键是调节月牙形，可以通过编辑月牙形的顶点，来得到不同大小的底部，然后通过形状的填充，就可以得到不同的比例关系。

17 制作创意目录

由于目录具有内容类目性的特点，所以目录页经常会用到图形来布局版面，使版面更整洁，内容条理更清晰，如图 5-177 所示即应用图形和小图片设计了目录页。

图 5-177 创意目录

① 插入"矩形"图形（如图 5-178 所示），在"设置形状格式"右侧窗格中设置其无边框和渐变填充。渐变参数如图 5-179 所示，"类型"为"线性"，保持 4 个渐变光圈，光圈"位置"和"颜色"对应如组图 5-180 所示。

图 5-178 绘制图形

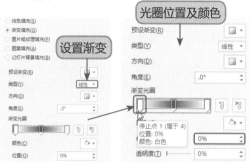

图 5-179 设置渐变

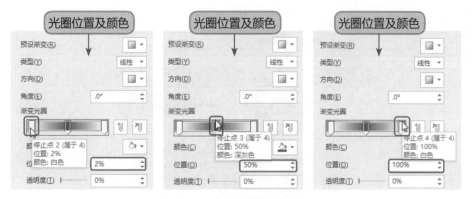

图 5-180 渐变光圈参数明细

❷ 在"绘图工具 - 格式"选项卡的"大小"组中重新设置图形的高度和宽度值（如图 5-181 所示），效果如图 5-182 所示。

图 5-181 设置大小　　　　图 5-182 设置效果

❸ 插入"直角三角形"图形，并设置无轮廓纯色填充（如图 5-183 所示），在右键快捷菜单中单击"编辑顶点"命令，此时图形出现红色边框，将光标定位于直角处顶点（如图 5-184 所示），向右下方拖动并保持图形为等腰三角形，如图 5-185 所示。

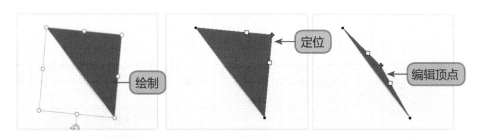

图 5-183 绘制图形　　　图 5-184 定位顶点　　　图 5-185 编辑顶点

❹ 接着将鼠标指针定位于白色方框内，即顶点的控制手柄，然后向右上方拖动使该线条呈一定弧度（如图 5-186 所示），同样地，使下方线条也呈相等弧度（如图 5-187 所示），完成效果如图 5-188 所示。

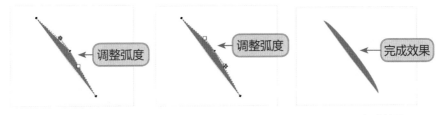

图 5-186 调整弧度　　　图 5-187 调整弧度　　　图 5-188 完成效果

⑤ 接着添加"弦形"图形（如图 5-189 所示），为图形设置阴影，具体参数设置如图 5-190 所示，"透明度"为"75%"、"大小"为"101%"、"模糊"为"0 磅"、"角度"为"270°"和"距离"为"3 磅"，圆形阴影效果如图 5-191 所示。

图 5-189 绘制图形　　　图 5-190 设置阴影参数　　　图 5-191 设置效果

⑥ 设置弦形为白色填充且无轮廓（如图 5-192 所示），接着绘制同样的弦形，调整其大小为能够放进第一个弦形（如图 5-193 所示），然后将图形组合为一个对象。

图 5-192 设置填充效果　　　图 5-193 添加图形并叠加

⑦ 批量复制组合后的图形即可完成幻灯片中图形的制作，如图 5-194 所示。

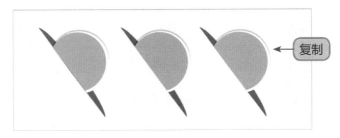

图 5-194 复制图形

图形也可以制作成列表式文本的反衬形状，如图 5-195 所示，通过为图形设置叠加和阴影效果，可以有效地展现分列式文本或流程式文本。

图 5-195 折角便签

❶ 插入矩形，设置其无边框和纯色填充，填充颜色为"深灰色"（如图 5-196 所示），并设置其阴影效果，"透明度"为"60%"、"大小"为"102%"、"模糊"为"4 磅"、"角度"为"0°"、"距离"为"3 磅"，如图 5-197 所示，图形阴影效果如图 5-198 所示。

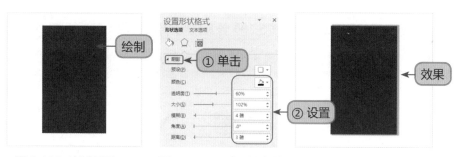

图 5-196 绘制图形　　　图 5-197 设置阴影参数　　　图 5-198 设置效果

❷ 再绘制一个矩形，设置其无边框和纯色填充，填充颜色为"橙色"（如图 5-199 所示），接着再插入一个直角三角形，也设置其无边框纯色填充，填充颜色为"橙色"，鼠标指针定位到旋转按钮（如图 5-200 所示），将图形旋转 180° 到如图 5-201 所示的位置。

图 5-199 绘制图形　　　图 5-200 绘制图形　　　图 5-201 旋转图形

❸ 拖动这个直角三角形到小矩形拐角处（如图 5-202 所示），同时选中这两个图形（如图 5-203 所示），在"绘图工具 - 格式"选项卡的"排列"组中单击"组合"下拉按钮，在下拉菜单中选择"组合"命令，即可将这两个图形组合为一个对象，如图 5-204 所示。

图 5-202 移动图形　　　　图 5-203 选中图形　　　　图 5-204 组合图形

❹ 保持图形的选中状态，设置其阴影效果，阴影参数设置如图 5-205 所示，"透明度"为"60%"、"大小"为"103%"、"模糊"为"4 磅"、"角度"为"55°"和"距离"为"3 磅"，图形阴影效果如图 5-206 所示。

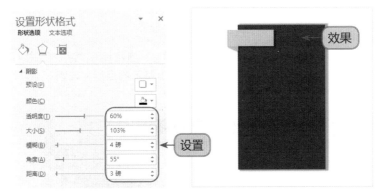

图 5-205 设置阴影参数　　　　图 5-206 完成效果

❺ 最后复制图形并更改部分图形的格式，再添加文本框即可达到如图 5-207 所示的效果。

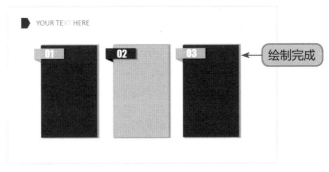

图 5-207 绘制完成

5.3 图形辅助页面排版

19 图形反衬修饰文字

图形是幻灯片设计中最为常用的一个元素，它常用来衬托文字。这是一种非常常用的设计模式，既对版面进行了布局又突出了文字，如图 5-208 所示的幻灯片中使用了图形实现了对文字的反衬。

图 5-208 效果图

在使用全图幻灯片时，如果背景复杂或色彩过多，直接输入文字，视觉效果很不好，此时常会使用图形来绘制文字的编写区，达到突出显示的目的，如图 5-209 所示为文字编辑区添加了图形底衬。

图 5-209 效果图

20 图形版面布局

版面布局在幻灯片的设计中是极为重要的，合理的布局能瞬间给人设计感，提升观众的视觉感受。而图形是版面布局非常重要的元素，一张空白的幻灯片，经过图形为版面布局可立马呈现不同的效果。如图 5-210 所示幻灯片仅适用线条版面布局，一方面使版面活泼起来，另一方面又能有效突出主题。

图 5-210 效果图

　　如图 5-211 所示的幻灯片，无任何图片，只使用了图形的设置对整张幻灯片的版面进行了布局，得到了很成功的扁平化设计效果。

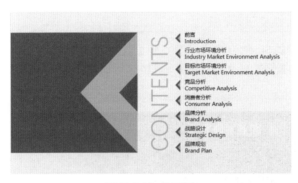

图 5-211 效果图

21 图形点缀辅助页面效果

　　图形也常用于对页面的点缀设计，因为图形的种类多样，并且还可以自定义绘制多种不同图形，因此其应用非常广泛。只要有设计思路就可以获取极佳的版面效果。

　　如图 5-212 的幻灯片整体采用了零星三角形作为修饰点缀。

图 5-212 效果图

如图 5-213 的幻灯片使用三角形、线条、矩形等修饰了图片，增强了图片的视觉效果。

图 5-213 效果图

22 图形表达数据关系

除了程序自带的 SmartArt 图形之外，还可以自己利用图形的组合设计来表达数据关系，这也是图形的重要功能之一。如图 5-214 所示的幻灯片使用图形展示了职业的发展历程。

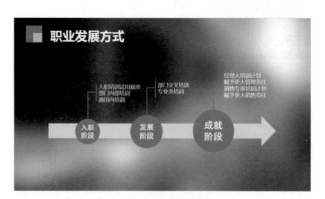

图 5-214 效果图

如图 5-215 所示的幻灯片表达一种日期上变化关系的流程。

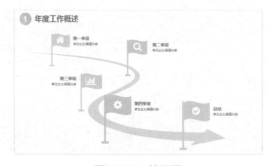

图 5-215 效果图

第 **6** 章

SmartArt图形、表格、图表三大模块

6.1 用好 SmartArt 图形

SmartArt 图形在幻灯片中的使用也非常广泛，它可以让文字图形化，并且通过选用合适的 SmartArt 图形的类型，可以很清晰地表达出各种逻辑关系，如并列关系、流程关系、循环关系和递进关系等。

1. 并列关系

表示句子或词语之间具有的一种相互关联，或是同时并举，或是同时进行的关系。要表达并列关系的数据可以选择使用"列表"类图形，如图 6-1 和图 6-2 所示的幻灯片。

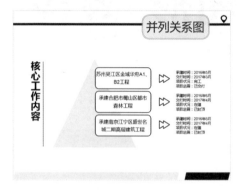

图 6-1 效果图 　　　　　　　　　　图 6-2 效果图

2. 流程关系

表示事物进行中的次序或以一定的顺序进行布置和安排。要表达流程关系的数据可以选择"流程"类图形，如图 6-3、图 6-4 和图 6-5 所示的幻灯片。

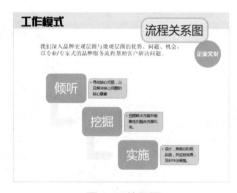

图 6-3 效果图 　　　　　　　　　　图 6-4 效果图

图 6-5 效果图

3. 循环关系

表示事物周而复始地运动或变化的关系，如图 6-6 所示的幻灯片。

图 6-6 效果图

以图 6-6 为例，学习如何向幻灯片中添加 SmartArt 图形。

① 打开目标幻灯片，在"插入"选项卡的"插图"组中单击"SmartArt"按钮（如图 6-7 所示），打开"选择 SmartArt 图形"对话框。

图 6-7 单击"SmartArt"按钮

② 在左侧单击"循环"类型，接着选中"基本循环"图形，如图 6-8 所示。

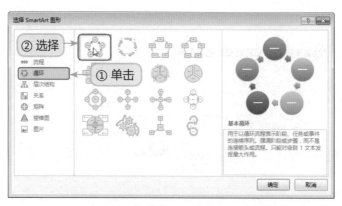

图 6-8 "选择 SmartArt 图形"对话框

③ 单击"确定"按钮，此时插入的 SmartArt 图形默认的显示效果如图 6-9 所示。

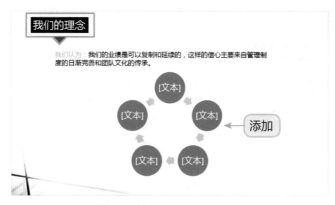

图 6-9 添加 SmartArt 图形

④ 根据目标内容需求选中任意图形按 Delete 键删除多余的图形（后面会讲到如果图形不够时也可以随时添加），得到如图 6-10 所示的图形。

⑤ 鼠标在"文本"提示文字上单击即可进入编辑状态，输入文本，如图 6-11 所示。默认的 SmartArt 图形可以通过套用格式模板快速美化，在后面的范例中会详细介绍。

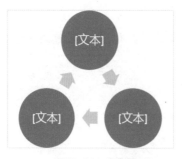

图 6-10 减少图形

图 6-11 编辑文本

好用·PPT演示高手

根据所选择的 SmartArt 图形的类型，其默认的形状个数也各不相同，但一般都只包含两个或三个形状。当默认的形状数量不够时，可以自行添加更多的形状来进行编辑。

在如图 6-12 所示的图表中，EAP 总共有 4 个分类，很明显，SmartArt 图形不够，因此需要添加图形。

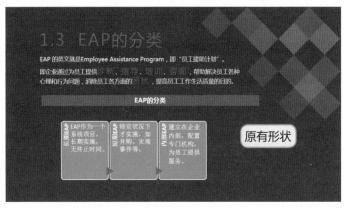

图 6-12 原有形状

❶ 选中空心图形，在"SmartArt 工具 - 设计"选项卡的"创建图形"组中单击"添加形状"下拉按钮，在展开的下拉菜单中单击"在后面添加形状"命令（如 6-13 所示），即可在所选形状后面添加新的形状，如图 6-14 所示。

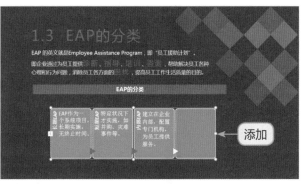

图 6-13 单击命令 　　　　　　　　　图 6-14 添加形状

❷ 添加形状后，在文本窗格中输入相关文本并对图形进行格式设置，即可达到如图 6-15 所示的效果。

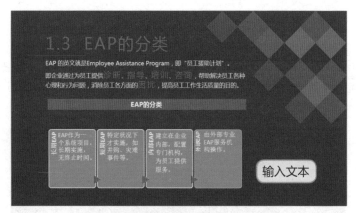

图 6-15 输入文本

专家提示 在添加形状时需要注意的是，如果当前使用的 SmartArt 图形的类型只有一级文本，那么添加时只需要考虑在形状前面添加还是在后面添加；如果当前使用的 SmartArt 图形的类型包含有二级文本，则在添加形状时一定注意要准确选中目标形状，然后按实际需要进行添加。

03 重新调整文本级别

在 SmartArt 图形中有些类型只有一级图形，而有的类型包含有二级图形。使用有二级图形的 SmartArt 图形时，会涉及目录级别的问题，如某些文本是上一级文本的细分说明，这时就需要通过调整文本的级别来清晰地表达文本之间的层次关系。

如图 6-16 所示，"认同创意"文本的以下两行是属于对该标题的细分说明，所以应该调整其级别到下一级中，以达到如图 6-17 所示的效果。

图 6-16 原级别

图 6-17 调整级别

① 在文本窗格中将"品牌经理"和"产品设计人员"两行一次性选中,然后在"SmartArt 工具 - 设计"选项卡的"创建图形"组中单击"降级"按钮,如图 6-18 所示。

图 6-18 单击"降级"按钮

② 执行上述操作后就可以看到文本被降级,图形显示效果如图 6-19 所示。

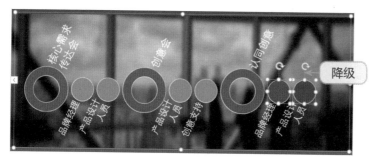

图 6-19 文本降级

举一反三

打开文本窗格有利于编辑文本,尤其是在 SmartArt 图形被覆盖遮挡无法选中时,通过文本窗格就可以快速定位编辑,也可以在文本窗格中对文本级别进行调整。

创建 SmartArt 图形后如果发现某一级文本的顺序显示错误，可以直接在图形上快速调整，而不必删除后再重新输入。例如在创建流程式的 SmartArt 图形时，文本顺序是不能出现错误的。如图 6-20 和图 6-21 所示为调整前后的效果。

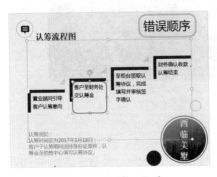
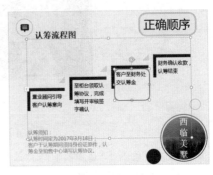

图 6-20 错误顺序   图 6-21 正确顺序

① 选中需要调整的图形，在"SmartArt 工具 - 设计"选项卡的"创建图形"组中根据实际调整的需要，直接单击"上移"或者"下移"按钮进行调节，如图 6-22 所示。

图 6-22 单击"下移"按钮

② 执行"下移"命令后即可实现形状的顺序调整。

如果选中的图形包含下级分支，那么所有的下级分支将一起被调整。如图 6-23 所示，选中"第四步"图形，经过下移，调整后的结果如图 6-24 所示。

举一反三

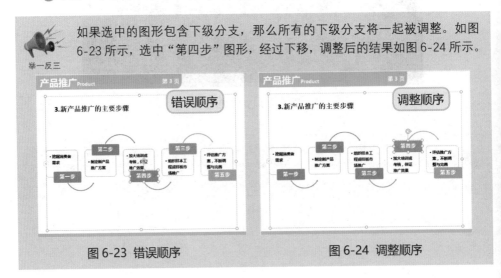

图 6-23 错误顺序   图 6-24 调整顺序

好用 · PPT 演示高手

05 快速更改为另一种 SmartArt 图形类型

创建某一种 SmartArt 图形后，如果感觉图形的类型不是太合理，或者对效果不满意，可以在原图的基础上快速对布局进行修改，而无须重建。图 6-25 和图 6-26 所示分别为调整 SmartArt 图形类型前后的效果。

图 6-25 原 SmartArt 图形

图 6-26 更换 SmartArt 图形类型

① 在 "SmartArt 工具 - 设计" 选项卡的 "版式" 组中单击 "▾" 按钮（如图 6-27 所示），在打开的下拉菜单中可以选择需要的图形类型，当鼠标指针指向任意图标时即可看到预览效果（如图 6-28 所示），单击即可应用。

图 6-27 单击 "▾" 按钮

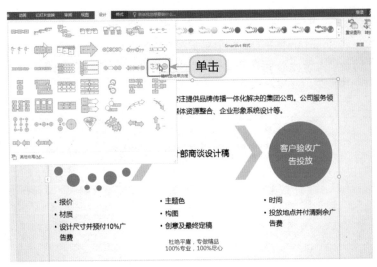

图 6-28 选择 SmartArt 图形

② 如果下拉菜单中找不到需要的图形，可以单击"其他布局"命令，然后在打开的
"选择 SmartArt 图形"对话框中进行选择。

在更换 SmartArt 图形类型时，由于图形之间的差异会给版面带来不一样的
布局效果，在更换图形后，应根据实际图形的特点稍加进行调整。

专家提示

06 更改图形为其他自选图形外观

在创建 SmartArt 图形时，系统默认创建的图形形状都是固定的，但可以通过执行"更
改形状"命令更改 SmartArt 图形中默认的图形样式。如图 6-29 和 6-30 所示为更改前后
的效果。

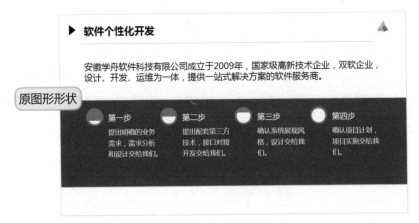

图 6-29 原图形形状

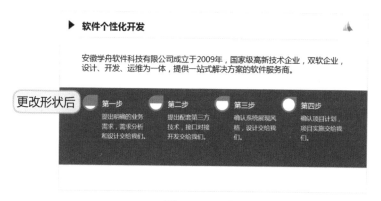

图 6-30 更改形状

① 选中一级标题形状，可配合 Ctrl 键一次性选中，在 "SmartArt 工具 - 格式"选项卡的"形状"组中单击"更改形状"下拉按钮，在弹出的下拉菜单中可以选择需要替换为的形状样式（如图 6-31 所示）。

图 6-31 选择新形状

② 单击后即可应用，更改后如图 6-32 所示。

图 6-32 更改完成

07 套用样式模板一键美化 SmartArt 图形

创建 SmartArt 图形后，可以通过设置 SmartArt 样式进行快速美化，SmartArt 样式包括颜色样式和特效样式。如图 6-33 和图 6-34 分别为快速应用美化模板后的两种效果。

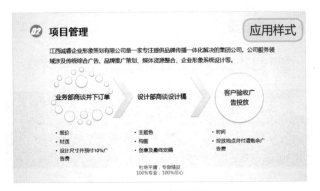

图 6-33 应用样式

图 6-34 应用样式

① 选中目标幻灯片中的 SmartArt 图形，在"SmartArt 工具 - 设计"选项卡的"SmartArt 样式"组中单击" "下拉按钮，在其下拉菜单中可以单击"深色 1 轮廓"，如图 6-35 所示。

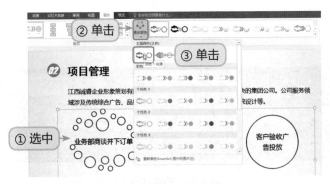

图 6-35 更改颜色

② 在"SmartArt 样式"组中单击" "按钮展开下拉菜单，选择"细微效果"匹配对象，如图 6-36 所示。执行"更改颜色"与套用 SmartArt 样式两项操作后，即可达到如图 6-33 所示的效果。

图 6-36 更改图形效果

SmartArt 图形格式设置主要是从"更改颜色"和套用"SmartArt 样式"两项功能来达到一键美化图形的效果,比如图 6-34 就是套用了"彩色范围 - 个性色 5 至 6"和"三维 - 优雅"的格式。

专家提示

08 快速提取 SmartArt 图形中的文本

创建 SmartArt 图形后,如果需要图形中的文本,也可以将其提取出来使用。

1 选中 SmartArt 图形,在"SmartArt 工具 - 设计"选项卡的"重置"组中单击"转换"下拉按钮,在下拉菜单中单击"转换为文本"命令(如图 6-37 所示),就可以将 SmartArt 图形转换为文本,如图 6-38 所示。

图 6-37 单击"转换为文本"

2 转换后的文本根据其在 SmartArt 图形中级别的不同,都会在前面显示项目符号,稍作整理即可使用,如图 6-39 所示。

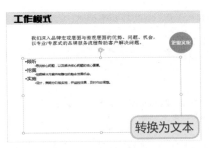

图 6-38 转换为文本　　　　　　　图 6-39 改变字体格式

09 打散 SmartArt 图形制作创意图形

SmartArt 图形是由多个图形组合而成的，在创建 SmartArt 图形后，可以直接将其转换为形状，而且形状可以通过取消组合后，再对各个对象进行自由编辑。如果用户想要创建的图形与某个 SmartArt 图形样式相似，那么则可以先创建 SmartArt 图形（如图 6-40 所示），然后再将其转换为形状后进行修改，如图 6-41 所示为打散重排得到的创意图形。

图 6-40 原图效果　　　　　　　图 6-41 创意图形

① 例如在本例中先插入了 SmartArt 图形，然后选中 SmartArt 图形并单击鼠标右键，在弹出的快捷菜单中单击"转换为形状"命令（如图 6-42 所示），即将 SmartArt 图形转换为形状，如图 6-43 所示。

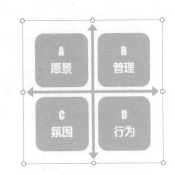

图 6-42 单击命令　　　　　　　图 6-43 转换为形状

② 选中转换后的形状，单击鼠标右键，在弹出的快捷菜单中单击"组合"→"取消组合"命令（如图 6-44 所示），可以看到当前图形是由多个形状组合而成，如图 6-45 所示。

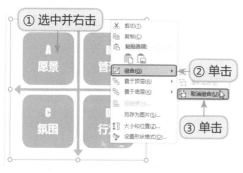

图 6-44 单击"取消组合"命令　　　　图 6-45 取消图形组合

③ 选中所有圆角矩形，在"绘图工具 - 格式"选项卡的"插入形状"组中单击"编辑形状"下拉按钮，在下拉菜单中单击"更改形状"，在弹出的子菜单中单击"椭圆"（如图 6-46 所示），此时即可将选中的形状更改为圆形，如图 6-47 所示。

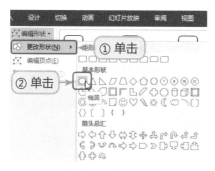

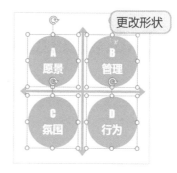

图 6-46 更改形状　　　　　　　图 6-47 更改完成

④ 选中中间对角线条，将其缩小至如图 6-48 所示的大小，在"绘图工具 - 格式"选项卡的"形状样式"组中单击"轮廓填充"下拉按钮，在下拉菜单中为线条应用绿色填充，并设置线条"粗细"为"6 磅"（如图 6-49 所示），效果如图 6-50 所示。

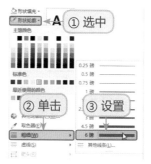

图 6-48 改变图形大小　　　　　图 6-49 设置形状轮廓

⑤ 然后旋转图形 45°，即可达到如图 6-51 所示的效果。

图 6-50 调整效果

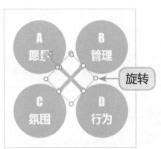

图 6-51 旋转效果

专家提示 在本例中只是给出一种设计思路，在制作 PPT 中可以采用这种应用方法，也可以举一反三，采用更多方法，设计出具有更多创意的作品。

6.2 表格的应用及编辑

10 幻灯片中表格也要美容

在幻灯片中有以下一些场合需要使用到表格。

- 给出统计数据；
- 清晰展示某些条目文本；
- 利用表格进行布局。

无论表格最终呈现怎样的效果，其最初插入的初始表格都是一样的，关键看插入后进行怎样的排版与格式设置。

① 打开演示文稿，在"插入"选项卡的"表格"组中，单击"表格"下拉按钮，在展开的下拉菜单的表格框内使用鼠标拖动确定合适的表格行列数，如图 6-52 所示。

② 确定表格的行数与列数后，单击鼠标即可插入表格，如图 6-53 所示.

图 6-52 选中行列数

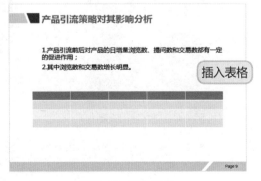

图 6-53 插入表格

直接插入的表格显然简易单调，而且效果粗劣，因此要想制作好的表格，表格的格式优化设置是必不可少的。可以从多个方面着手对表格的样式进行编辑与优化，比如对表格默认的文字格式进行调整，对默认的边框线条进行设置，还可以根据需要设置填充或是决定有的位置是否使用边框等。在美化表格的同时，也美化了幻灯片的整体页面效果。如图 6-54、图 6-55 与图 6-56、图 6-57 所示，分别为表格美化前后的对比效果。

图 6-54　初始图表
图 6-55　美化后图表

图 6-56　初始图表　　　　　　　　　图 6-57　美化后图表

　　如图 6-58 所示，使用表格美化和排版标题幻灯片，可以使幻灯片更具有视觉效果。

图 6-58　美化后图表

通过在"表格"的下拉菜单的表格框中能最多插入 10 列、8 行的表格,若需要制作超过这个规格的表格,可以在下拉菜单中单击"插入表格"命令(如图 6-59 所示),在打开的"插入表格"对话框中设置表格的行列数(如图 6-60 所示)。

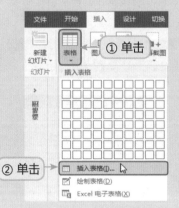

图 6-59 单击"插入表格"命令

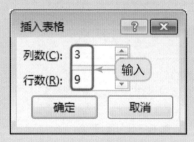

图 6-60 设置行列数

11 自定义符合要求的表格框架

在创建表格时行和列有时并不完全是一一对应的关系,很多时候涉及一对多的关系,这时在默认表格中就需要执行合并单元格或是拆分单元格重新布局表格结构的操作。

① 选中需要合并的单元格区域,可以是多行、多列,或是多行多列的一个区域(如图 6-61 所示),在"表格工具 - 布局"选项卡的"合并"组中单击"合并单元格"命令按钮(如图 6-62 所示),可以看到该列的两行单元格合并成一行,如图 6-63 所示。

② 按照同样的操作方法可依次合并其他单元格,如图 6-64 所示。

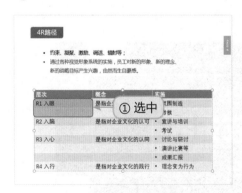

图 6-61 选中多个单元格

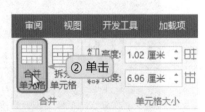

图 6-62 单击"合并单元格"命令按钮

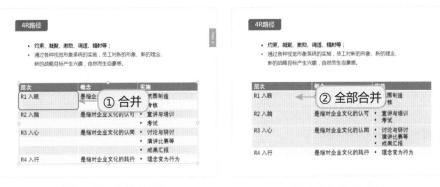

图 6-63 合并单元格　　　　　　　图 6-64 全部合并

举一反三

如果需要拆分单元格（如图 6-65 所示），选中需要拆分的单元格区域，在"表格工具 - 布局"选项卡的"合并"组中单击"拆分单元格"命令按钮，在弹出的"拆分单元格"对话框中（如图 6-66 所示），设置想要拆分成的行数和列数，单击"确定"按钮即可完成对表格的拆分，如图 6-67 所示。

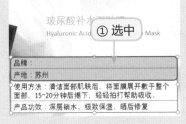

图 6-65　选中单元格　　　　　图 6-66　设置拆分

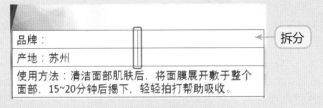

图 6-67　拆分效果

专家提示

在表格中输入内容时，会发现数据默认显示在左上角的位置，即默认对齐方式为"左对齐"与"顶端对齐"，此时可以将对齐方式调整为水平居中的效果。选中整张表格，在"表格工具 - 布局"选项卡的"对齐方式"组中依次单击"居中"和"垂直居中"两个按钮，即可一次性实现表格所有内容居中显示的效果。

12　表格行高、列宽的调整

创建好表格后，其单元格的行高和列宽都是默认值，如果输入内容过多，将会无法显示全部的文本，这时就需要对单元格的大小（高度、宽度）进行调整。

①选中需要调整的行或列，如图 6-68 所示，或者将光标定位在单元格中，在"表格工具 - 布局"选项卡的"单元格大小"组中，在"▯▯（高度）"和"▯▯（宽度）"文本框中输入行高和列宽数据，也可以利用上下微调按钮进行调节，如图 6-69 所示。

②此时可以看到选中的单元格以输入的长度和宽度显示，如图 6-70 所示。

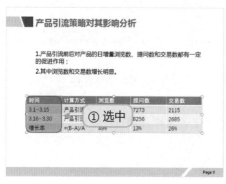

图 6-68 选中单元格

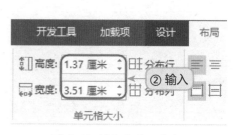

图 6-69 输入高度、宽度

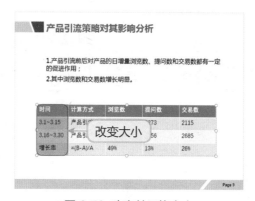

图 6-70 改变单元格大小

③或者将鼠标指针定位于表格的分割线上，按住鼠标左键不放并同时拖动鼠标也可以调整列宽或行高，如图 6-71 所示是对列宽的调整，图 6-72 所示是对行高的调整。

图 6-71 调整列宽

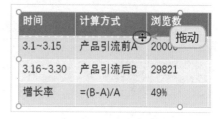

图 6-72 调整行高

在手动调整行高、列宽时，难免会有行高、列宽不统一情况（初始表格调整表格边缘尺寸控制点可实现等行高和等列宽缩放），如果表格内容分布均衡，则可以快速设置其等行高和等列宽效果。通过"分布行"功能可以实现让选中行的行高平均分布，"分布列"功能可以实现选中列的列宽平均分布。

例如，选中需要调整的列后（如图 6-73 所示），在"表格工具 - 布局"选项卡的"单元格大小"组中单击"田（分布列）"按钮（如图 6-74 所示），即可实现平均分布这几列的列宽，如图 6-75 所示。

图 6-73 选中多个单元格　　　　图 6-74 单击"分布列"命令

图 6-75 平均分布列

同样，单击"田（分布行）"按钮可以实现平均分布表格的行高。在执行"分布行""分布列"操作时，如果选中的是整张表格，其操作将应用于整体表格的行列。如果只想部分单元格区域应用分布效果，则可以在执行操作前准确选中单元格区域。

13 隐藏 / 显示任意框线

在美化与设计表格的过程中，总是不断地要在边框或填充颜色的搭配上下功夫。当表格使用默认线条时，可以先取消其默认的线条，需要应用时再为其添加自定义线条。

① 选中表格的单元格或行列后，如图 6-76 所示，在"表格工具 - 设计"选项卡的"表格样式"组中单击"田（边框）"命令下拉按钮。

② 在展开的设置菜单中选择要设置的选项，本例中单击"无框线"命令（如图 6-77 所示），即可取消表格的所有框线，如图 6-78 所示。

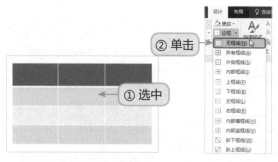

图 6-76 选中单元格　　　　图 6-77 单击"无框线"　　　　图 6-78 无框线效果

但是并非所有的区域都使用默认线条样式或相同的线条样式，因此在这种情况下也要不断地取消特殊区域的框线再按实际情况为特殊区域应用需要的框线。

- 如图 6-79 所示的表格是在"边框"下拉菜单中单击了"所有框线"命令呈现的效果（其框线的格式是经过设置的，后面例子中会讲到）。如图 6-80 所示的表格只是选中第一行并单击"边框"下拉菜单中"上框线"和"下框线"的命令所呈现的效果。

图 6-79 添加框线　　　　　　图 6-80 添加表头框线

- 首先选中整张表格，单击"无框线"命令取消所有框线，然后选中第一行单元格区域，单击"下框线"命令（如图 6-81 所示），就可以达到如图 6-82 所示的框线效果。

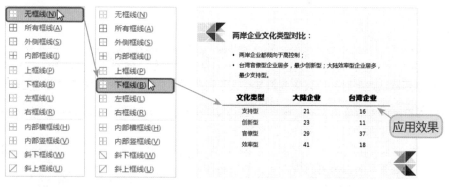

图 6-81 设置框线　　　　　　图 6-82 完成效果

14　自定义设置不同的框线

在上一个知识点中介绍了表格框线的取消与应用，那么在应用框线前可以先设置框

好用·PPT演示高手

线的格式，如使用的线型、颜色及粗细程度等。

其方法为：选中表格，在"表格工具-设计"选项卡的"绘图边框"组中，可以设置边框线条的线型（如图 6-83 所示）、粗细（如图 6-84 所示）以及颜色（如图 6-85 所示）。设置完成后，再运用上一个知识点对表格边框和底纹颜色进行设置，或直接在"绘图边框"组中通过单击"绘制表格"按钮来自定义表格边框，如将图 6-86 所示的初始表格绘制成如图 6-87 所示的样式。

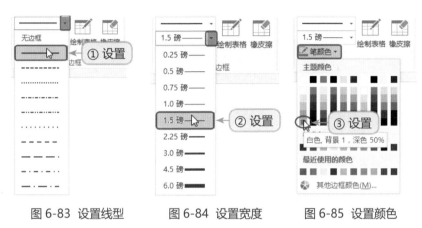

图 6-83 设置线型　　　　图 6-84 设置宽度　　　　图 6-85 设置颜色

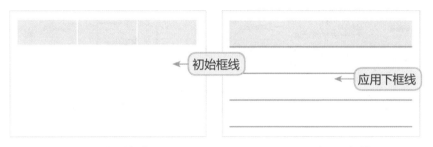

图 6-86 初始框线　　　　　　　　图 6-87 应用下框线

当需要其他边框样式时，可以再次设置边框，并按实际需要进行设置，如图 6-88 和图 6-89 所示。

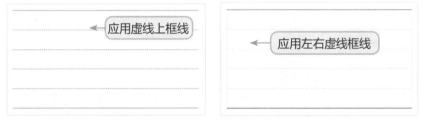

图 6-88 应用虚线上框线　　　　　图 6-89 应用左右虚线框线

要制作图 6-90 幻灯片中表格的框线效果在设置时可以按以下几个步骤进行操作。

图 6-90 效果图

① 选中表格，在"表格工具—设计"选项卡"表格样式"组中单击"无框线"命令，取消表格所有框线。

② 选中第一行单元格区域，如图 6-91 所示。

③ 在"绘制边框"组中设置线条样式、粗细值与笔颜色，如图 6-92 所示。

④ 在"边框"按钮的下拉菜单中单击"下框线"命令（如图 6-93 所示），应用效果如图 6-94 所示。

⑤ 接着选中表格的最后一行，应用相同格式的"下框线"。

图 6-91 选中单元格

图 6-92 设置线条

图 6-93 设置框线

图 6-94 应用效果

举一反三

在添加框线时一般是采用在"边框"按钮的下拉菜单中单击相应的选项去应用，除此之外还有一种更为便捷的方法就是手绘框线，只要先设置好框线的格式，然后在需要添加框线的位置上拖动即可添加框线。

（1）先在"表格工具-设计"选项卡的"绘图边框"组中设置"笔样式""笔划粗细"值与"笔颜色"；然后单击"绘制表格"功能按钮（如图 6-95 所示），此时鼠标指针变为笔的形状。

（2）在需要的位置上单击鼠标即可创建边框（如图 6-96 所示），依次在其他需要添加边框的位置上进行绘制，如图 6-97 所示。

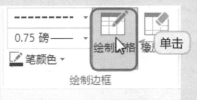

图 6-95 单击"绘制表格"按钮

图 6-96 绘制边框

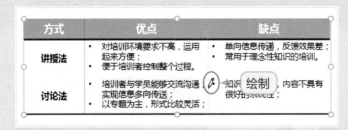

图 6-97 绘制边框

框线绘制完成后，则需要再单击一次"绘制表格"按钮退出启用状态。

专家提示 进行手绘框线时，无法在表格边线上绘制（上、下、左、右边框），因此如果要特殊设置表格的边线则只能在"边框"按钮的下拉菜单中去应用相应的功能，绘制错误的边框可以单击"橡皮擦"按钮进行擦除。

15 自定义单元格的底纹色

在美化表格时，设置底纹色也是必备的操作。一般会用底纹色突出显示列标识，突出强调数据。最常用的是纯色底纹，除此之外也可以按实际情况合理设置"图片""纹理""渐变"配合纯色进行填充。

其方法为：准确选中要设置的单元格区域，在"表格工具 - 设计"选项卡的"表格样式"组中单击"底纹"下拉按钮，在下拉菜单中选择需要的颜色（如图 6-98 所示），即可应用（如图 6-99 所示）。如果想设置"图片""纹理""渐变"等填充效果，鼠标单击相应的命令即可。

图 6-98 设置纯色底纹

图 6-99 底纹效果

如图 6-100 所示为纹理填充的可选子菜单，由于纹理填充与主题通常情况下是不匹配的，所以很少使用。如图 6-101 所示在"纹理"下拉子菜单中选择了"胡桃"和"栎木"的纹理进行填充。

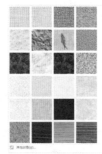

图 6-100 纹理子菜单

图 6-101 纹理效果

如图 6-102 所示的表格整体使用了纯色填充，对主要文字部分设置为渐变填充，具有突出主题的作用。

其设置方法为：在"渐变"列表中单击"其他渐变"选项，打开"设置形状格式"右侧窗格，展开"填充"栏，单击"渐变填充"单选按钮，在"类型"下拉列表框中选择"射线"选项，保持两个渐变光圈，一个在 0% 位置处，设置"颜色"为"白色"，另一个在 100% 位置处，设置"颜色"为"黄色"，如图 6-103 所示。

图 6-102 渐变效果

图 6-103 设置渐变

如图 6-104 所示的表格整体使用了纯色进行填充，为部分单元格区域使用了图片填充。

图 6-104　图片填充

其设置方法为：在"表格工具 - 设计"选项卡的"表格样式"组中单击"底纹"下拉按钮，在下拉菜单中单击"图片"按钮，打开"插入图片"对话框，找到图片的存放路径，单击"插入"按钮，即可将图片作为底纹填充。

在设置底纹色时，默认是本色填充，如果对其透明度进行调整，则又可以获取别具一格的设置效果，如图 6-105 所示是部分单元格使用半透明填充交替的效果。

其设置方法为：在单元格或单元格区域上右击鼠标，执行"设置形状格式"命令，打开"设置形状格式"右侧窗格，在"填充"栏中设置填充颜色后，则可以对"透明度"进行调整，如图 6-106 所示。

图 6-105　表格呈现不同的颜色效果

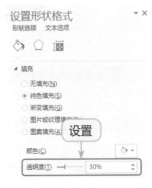

图 6-106　设置透明度

16　自定义表格的背景

在幻灯片中插入表格后一般使有默认的填充色，根据表格的实际应用情况，也可以为表格重新设置背景，可以是纯色背景，也可以是图片背景。

❶ 打开演示文稿并选中表格，在"设计"选项卡的"表格样式"组中单击" （底纹）"命令下拉按钮，在展开的设置菜单中单击"表格背景"命令，在展开的子菜单中即可设置表格的背景填充色（如图 6-107 所示），纯色效果如图 6-108 所示。

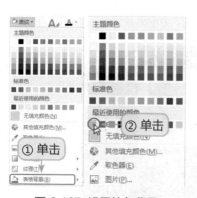

图 6-107　设置纯色背景

图 6-108　纯色效果

② 如果要设置图片背景，则可在"表格背景"子菜单中单击"图片"命令，打开"插入图片"对话框，找到作为背景图片的保存路径并选中图片，即可填充图片为表格背景，如图 6-109 所示。

图 6-109　图片效果

设置纯色背景填充与设置表格底纹色没有什么区别，但如果是设置图片背景，则建议使用设置表格背景的方式，例中上图中先设置图片为表格的背景，然后再设置大部分单元格为纯色的半透明的填充，则形成了不错的设计效果。

17　突出表格中的重要数据

如果表格中的数据和文本量比较大，对重点数据的强调就显得很有必要。一方面在美化表格的同时，另一方面也能保证更直观地传达重要信息。

1. 底纹色强调

底纹色强调是一种很常用的突出显示方式。通常情况下都会设置表格的行列标识为特殊底纹效果，让人能瞬间得知数据的分类情况，如图 6-110 和图 6-111 所示。

图 6-110　底纹突出

图 6-111　底纹突出

2. 特殊单元格强调

对于一些特殊的单元格，还可以只对单元格进行强调设置。如加大字号，设置单元格底纹，添加图形修饰等，如图 6-112 和图 6-113 所示。

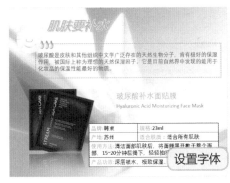

图 6-112　设置字体

图 6-113　添加图形

专家提示　想起到强调的效果，则不要普遍都设置强调。表格中强调方法太多或者强调位置太多，反而会失去强调的作用。

18　复制使用 Excel 表格

在 PPT 中创建的表格缺乏计算能力，计算能力强悍的莫过于 Excel，然而 Excel 中的表格也可以很方便地被复制到 PPT 中来使用。因此如果想创建专业的计算表格，可以很方便地利用 Excel 软件来实现，然后直接将 Excel 表格数据嵌入到幻灯片中来使用，从而实现数据共享。

1 打开 Excel 程序，选中要使用的表格区域，按 Ctrl+C 组合键复制，如图 6-114 所示。

2 回到幻灯片页面上，按 Ctrl+V 组合键粘贴表格，如图 6-115 所示。

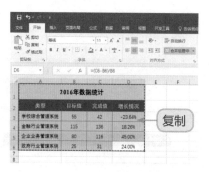

图 6-114 复制表格数据

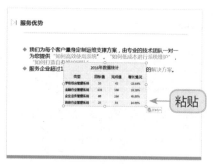

图 6-115 在 PPT 中粘贴表格

③ 粘贴得到的表格默认会自动匹配当前幻灯片的主题配色，同时位置也需要按当前版面重新调整。如果想让表格保留原来的格式，可以单击"粘贴选项"下拉按钮，在弹出的下拉列表中单击"保留源格式"命令，即可让表格保留原有格式，如图 6-116 所示。

④ 将表格插入到幻灯片中后，选中表格，在功能区中可以看到"表格工具"选项卡，若对表格的格式不是很满意，则可以像编辑普通表格一样对表格进行补充编辑，如图 6-117 所示。

图 6-116 设置粘贴格式

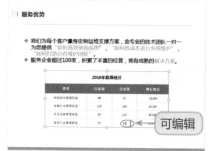

图 6-117 表格可编辑

专家提示

在"粘贴选项"按钮的下拉列表中还有"▣（嵌入）"和"▣（图片）"不同的选项，在执行复制粘贴的操作后，只要单击"粘贴"选项下拉按钮，选择"嵌入"选项，即可将表格以对象的形式嵌入到幻灯片中。嵌入对象是指将 Excel 表格连同程序一起嵌入到幻灯片中，只要在表格上双击即可进入 Excel 数据编辑状态，同时功能区中出现关于 Excel 数据表编辑的菜单项，即可以像在 Excel 中一样编辑表格。以"图片"的方式粘贴很好理解，即将 Excel 表格转换为图片。

6.3 图表辅助数据分析

19 几种常用图表类型

数据图表是 PPT 中常见的元素，也是增强 PPT 的数据生动性和提升数据说服力的有效工具。合适的数据图表可以让复杂的数据可视性更好，这在幻灯片演示中显得尤其重要。因此如果要制作的幻灯片涉及数据分析与比较，建议可以使用图表来展示数据结果。

1. 柱形图

柱形图是一种以柱形的高低来表示数据值大小的图表，用来描述一段时间内数据的变化情况，也用于对多个系列数据的比较，如图 6-118 和图 6-119 所示。

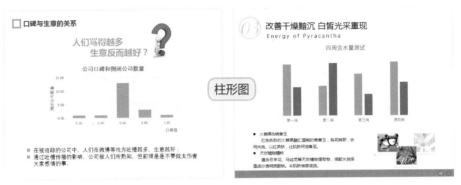

图 6-118 柱形图　　　　　　图 6-119 柱形图

2. 折线图

折线图用于展现随时间有序变化的数据，表现数据的变化趋势。如图 6-120 和图 6-121 所示。

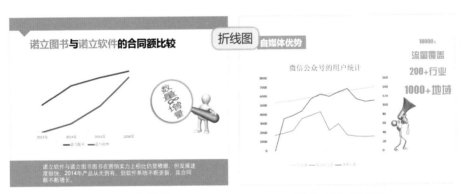

图 6-120 折线图　　　　　　图 6-121 折线图

3. 饼图

饼图显示一个数据系列中各项的大小占各项总和的比例，所以，在强调同系列某项数据在所有数据的比重时，饼图是很好的选择。另外，圆环图也具有与饼图类似的表达效果，如图 6-122 和图 6-123 所示。

图 6-122　饼图　　　　　　　　　　图 6-123　圆环图

4. 条形图

条形图也是用于数据大小比较的图表，可以将它看作是纵向的柱形图，它是用来描述各个项目之间数据差别情况的图表。与柱形图相比，它不太重视时间因素，强调的是在特定的时间点上进行分类轴和数值的比较，如图 6-124 和图 6-125 所示。

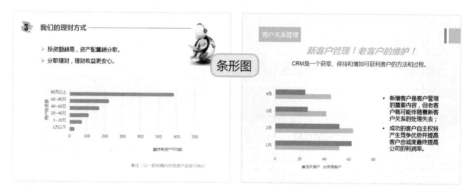

图 6-124　条形图　　　　　　　　　图 6-125　条形图

图表的种类是多种多样的，PPT 中提供多个图表类型，还包含着组合图表和多种子图表类型，不同类型的图表都有各自不同的表达需要及适用场合，例如散点图可用于分析离散分布，面积图用于分析事物发展活跃度等。应用图表之前需要根据表现内容来选择合适的图表类型。

20　幻灯片图表的美化原则

PPT 中的数据图表和 Excel 中的图表在操作和使用方法上几乎是一致的，但在 PPT 的使用场景中通常会对图表有更高的设计要求，因此对图表的美化是 PPT 中用好图表的关键点。

图表由多个对象组成（如绘图区、系列、网格线、坐标轴等），任意对象都可以进行格式设置，如图 6-126 所示。

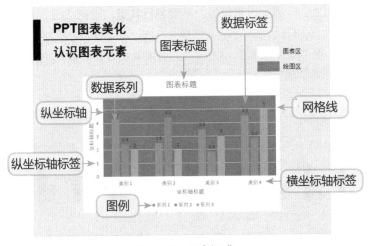

图 6-126 图表组成

- 图表区：创建图表后生成的容器，容纳图表所有显示元素，可以设置图表背景和边框颜色。
- 绘图区：图表中放置数据系列的矩形区域，可以设置填充色和边框颜色。
- 横/纵坐标轴：图表中用来标识 X/Y 坐标轴的轴线，可以设置线型和颜色；可以根据需要设置坐标轴位置或坐标数值范围。
- 横/纵坐标轴标签：坐标轴上面用来标识刻度或数据类别的文本框，可以自定义数字格式，可以实现隐藏。

其中数据系列的格式设置是美化图表设置的重点，网格线、数据标签其他元素也均可以实现隐藏或设置格式以达到整体协调。

1. 美化原则一——元素该隐藏就隐藏

这是图表数据处理最基本的原则，默认创建的图表包含较多元素，而对于图表中不必要的对象是可以实现隐藏和简化的，当然也可以添加必要元素。如图 6-127 所示初始散点图包含坐标轴、图表标题、网格线等，通过相关设置隐藏图表标题、网格线及图例等。

图 6-127 效果图

2. 美化原则二——格式设置得当，不要各行其道、五花八门

图表美化加工的操作涉及各类元素的格式处理。格式处理要有所突出，有所隐晦，总之要总体协调，而不是各行其道。如图6-128是初始图表匹配格式，在隐藏相关数据后，对图表区背景及系列的配色重新进行了设置。

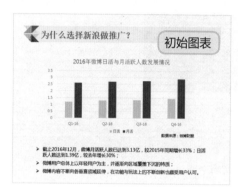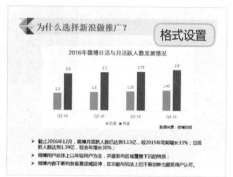

图 6-128 效果图

21 创建新图表

要使用图表，首先需要创建出新图表。本例中以上面柱形图为例来介绍如何创建新图表，具体操作步骤如下。

① 在"插入"选项卡的"插图"组中单击"图表"按钮（如图6-129所示），打开"插入图表"对话框，单击"柱形图"，在其右侧子图表类型下单击"簇状柱形图"图表类型，如图6-130所示。

图 6-129 单击"图表"按钮　　　　　　图 6-130 选择图表类型

② 此时，幻灯片编辑区显示出新图表，其中包含编辑数据的表格"Microsoft PowerPoint中的图表"，如图6-131所示。

③ 向对应的单元格区域中输入数据，可以看到柱状图图形随数据变化而变化，如图6-132所示。

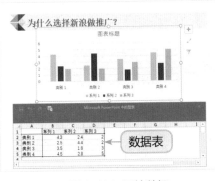

图 6-131 原始数据　　　　　　图 6-132 编辑数据

④ 对于多余行或列选中并删除，拖动最后一行最右列交叉处数据框选点框选已输入的数据（如图 6-133 所示，如果不进行此操作步骤，图 6-131 对应的"类别 4"和"系列3"以空数据占据图表位置），框选到如图 6-134 所示的位置。释放鼠标后可以完成当前图表数据源的编辑，如图 6-135 所示。

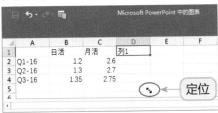

图 6-133 定位点　　　　　　图 6-134 拖动相应位置

⑤ 单击"关闭"按钮关闭数据编辑窗口，在幻灯片中通过拖动尺寸控制点调整图表的大小并移到合适位置，如图 6-136 所示。

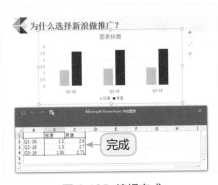
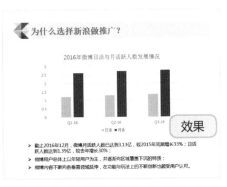

图 6-135 编辑完成　　　　　　图 6-136 建立数据图表

22 修改图表数据或追加新数据

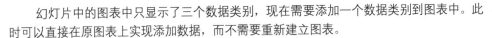

幻灯片中的图表中只显示了三个数据类别，现在需要添加一个数据类别到图表中。此时可以直接在原图表上实现添加数据，而不需要重新建立图表。

① 选中图表，在"图表工具 - 设计"选项卡的"数据"组中单击"编辑数据"下拉按钮，在弹出的下拉菜单中单击"编辑数据"命令，如图 6-137 所示。

图 6-137 单击"编辑数据"按钮

② 打开图表的数据源表格，表格中显示的是原图表的数据源，然后将新数据源输入到表格中，如图 6-138 所示。

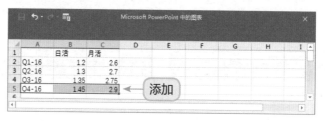

图 6-138 添加数据

③ 回到幻灯片中查看图表，即可看到新添加的数据，如图 6-139 所示。

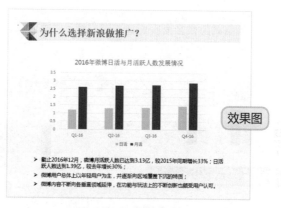

图 6-139 数据图表

23 快速变更为另一图表类型

变更图表类型是在图表已创建的基础上，根据数据展示的需要而去更改图表类型。单一数据系列图表类型可以快速变更其他图表类型，多数据系列也可以自行选择各系列变更类型。

1. 单一数据系列

如图 6-140 所示为创建完成的圆环图，如图 6-141 所示，将其更改为了面积图。

图 6-140 原图表　　　　　　　图 6-141 更换的图表

① 选中图表，在"图表工具 - 设计"选项卡的"数据"组中单击"更改图表类型"按钮（如图 6-142 所示），打开"更改图表类型"对话框。

图 6-142 单击"更改图表类型"按钮

② 在对话框里重新选择图表类型，如图 6-143 所示。

③ 单击"确定"按钮，即可更改原图表的类型，可以根据图表的特征来设置图表的格式，更改后效果如图 6-144 所示。

图 6-143 选择图表

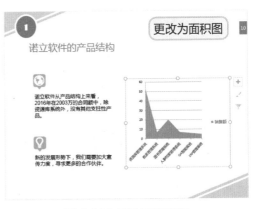

图 6-144 更改图表类型

第 1 章
第 2 章
第 3 章
第 4 章
第 5 章
第 6 章 SmartArt 图形、表格、图表三大模块
第 7 章
第 8 章

2. 多数据系列

如图 6-145 所示为创建完成的条形图，而图 6-146 为柱形图与条形图的组合图，这种图表类型也可以直接从条形图变换得到。

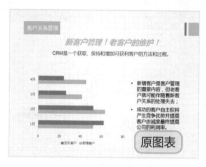

图 6-145 原图表　　　　　　　　　图 6-146 更换类型

① 选中图表任意系列（如图 6-147 所示），在"图表工具 - 设计"选项卡的"数据"组中单击"更改图表类型"按钮，打开"更改图表类型"对话框。

② 在左侧列表框中选择"组合"选项，在"系列 1"下拉列表中单击"簇状柱形图"，在"系列 2"下拉列表中单击"折线图"，如图 6-148 所示。

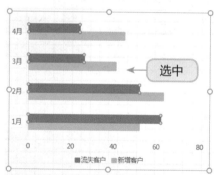

图 6-147 选中任意系列　　　　　　　　图 6-148 选择类型

③ 单击"确定"按钮，即可更改原图表的类型，然后可以根据图表的特征设置图表的格式。

24　在图表中添加数据标签

系统默认插入的图表是不显示数据标签的，现在要求为图表添加数据标签。一般数据类标签直接添加就可以，但要是饼图的百分比数据标签就要通过设置实现转化。

1. 为折线图添加数据类标签

接下来介绍如图 6-149 所示的图表如何通过设置达到如图 6-150 所示的图表效果。

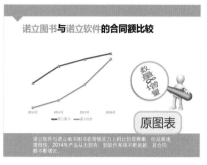

图 6-149 原图表

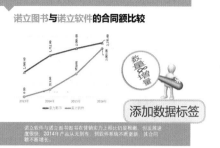

图 6-150 添加数据标签

①选中图表，此时图表编辑框右上角出现"图表元素""图表样式""图表筛选器"三个图标，单击"图表元素"图标，选中"数据标签"复选框，如图 6-151 所示。

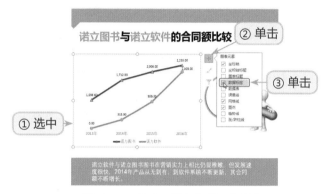

图 6-151 选中"数据标签"复选框

②要将本例的数据标签呈现纵向显示效果。因此单击"数据标签"右侧"▶"按钮，在子菜单中单击"更多选项"命令（如图 6-152 所示），打开"设置数据标签格式"右侧窗格。

③切换到"大小与属性"标签下，在"对齐方式"一栏的"文字方向"右侧下拉列表中单击"所有文字旋转 270°"选项（如图 6-153 所示），即可更改数据标签的方向。

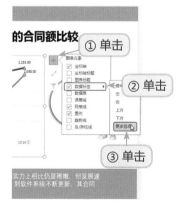

图 6-152 单击"更多选项"

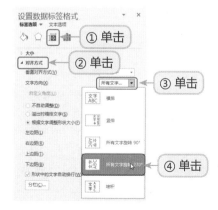

图 6-153 设置标签格式

2. 为饼图添加类别名称及百分比标签

默认插入的饼图不含数据标签,而饼图常用的处理方式就是要添加标签而不要图例,因此通常都需要为饼图添加类别名称与百分比数据标签,本例中要求百分比包含两位小数,达到如图 6-154 所示的效果。

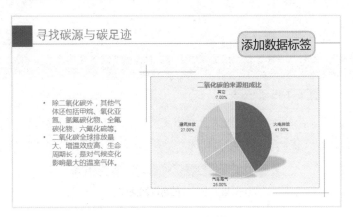

图 6-154 添加数据标签

① 选中图表,此时图表编辑框右上角出现"图表元素""图表样式"和"图表筛选器"三个图标,单击"图表元素"图标,选中"数据标签"复选框,单击其右侧" ▸ "按钮,在子菜单中选中"更多选项"命令,如图 6-155 所示。

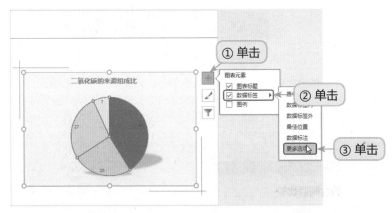

图 6-155 单击"更多选项"

② 弹出"设置数据标签格式"右侧窗格,展开"标签选项"栏,选中"类别名称""百分比"和"显示引导线"复选框,在"分隔符"下拉列表框中选择"分行符"选项,单击"数据标签外"单选按钮,如图 6-156 所示。

③ 展开"数字"栏,在"类别"下拉列表框中选择"百分比"类型,然后设置"小数位数"为"2",如图 6-157 所示。

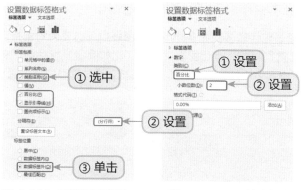

图 6-156 设置标签选项　　　　图 6-157 设置数字格式

④ 单击"确定"按钮，即可为图表数据标签添加类型名称与百分比数据标签，并分行显示。选中数据标签，在"图表工具 - 格式"选项卡的"形状样式"组中单击"▾"下拉按钮，在打开的下拉菜单中可以为标签形状套用一种图形样式，如图 6-158 所示。

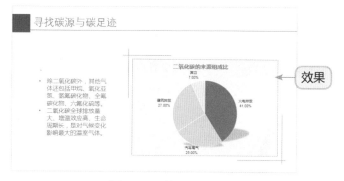

图 6-158 效果图

在添加数据标签后，还可以为数据标签应用特殊形状以突出强调。其方法为：选中已经设置好的数据标签，在右键快捷菜单中选中"更改数据标签形状"命令，然后在其子菜单中单击"对话气泡：矩形"（如图 6-159 所示），此时即可应用特殊形状的标签，如图 6-160 所示。

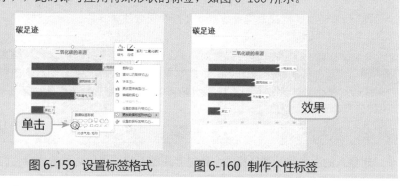

图 6-159 设置标签格式　　　　图 6-160 制作个性标签

默认创建的图表包含较多的元素，而对于图表中不必要的对象是可以隐藏简化的，这样更有利于突出重点对象，也让图表更简洁。比如隐藏坐标轴线，有数据标签时将坐标轴值隐藏等。如图 6-161 所示为默认的图表格式，通过隐藏对象设置可达到如图 6-162 所示的效果。

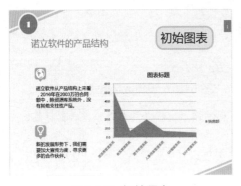

图 6-161 初始图表　　　　　　图 6-162 隐藏部分元素

① 选中图表，单击图表编辑框右上角"图表元素"图标，在右侧菜单中撤选"图表标题""网格线"和"图例"复选框，如图 6-163 所示。

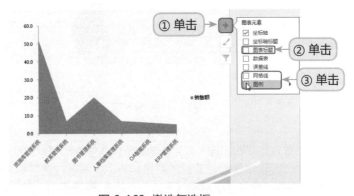

图 6-163 撤选复选框

② 如果还有其他对象需要隐藏，则按相同方法操作。

专家提示　在隐藏对象时有一种更简洁的方法就是选中目标对象，按键盘上的 Delete 键进行删除，与上面达到的效果一样。但如果要恢复对象的显示，则必须单击"图表元素"图标，重新选中前面的复选框以恢复显示。

26 套用图表样式实现快速美化

新插入的图表保持默认格式，通过套用图表样式可以达到快速美化的目的，并且在 PowerPoint 2016 中提供的图表样式比以前的版本有了较大提升，整体效果较好，对于初学者而言可以选择先套用图表样式再补充设计进行美化的方案。

如图 6-164 所示为初始图表，通过套用图表样式可以将其美化成各种样式（如图 6-165 所示），具体操作步骤如下。

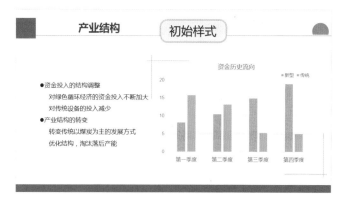

图 6-164 初始图表样式

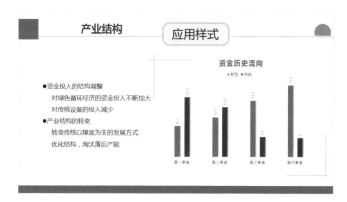

图 6-165 应用样式

❶ 选中图表，在"图表工具-设计"选项卡的"图表样式"组中单击"⊽"下拉按钮，在下拉菜单中选择想要套用的样式（如图 6-166 所示），单击即可套用。

图 6-166 套用样式

❷ 效果如图 6-167 所示，如果觉得对部分美化效果不太满意，可以对其做修改以达到更好的效果，比如此时可以设置系列阴影的效果，如图 6-168 所示。

第 1 章
第 2 章
第 3 章
第 4 章
第 5 章
第 6 章 SmartArt 图形、表格、图表三大模块
第 7 章
第 8 章

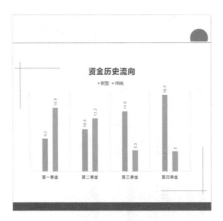

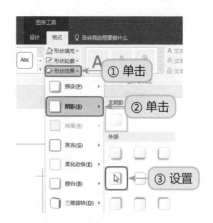

图 6-167 效果图　　　　　　　图 6-168 设置阴影效果

③ 重新设置系列的填充色（如图 6-169 所示），完成效果如图 6-170 所示的效果。

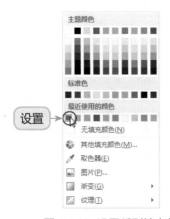
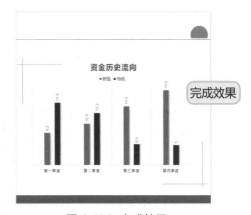

图 6-169 设置系列填充色　　　　图 6-170 完成效果

专家提示　套用图表样式时会将原来所设置的格式取消，因此如果想通过套用样式来美化图表，可以在建立图表后先进行套用，然后再对需要补充设计的对象补充设置。

27 图表中重点对象的特殊美化

创建的图表也有其要表达的重点，对于图表中的重点对象可以为其进行特殊美化，如突出填充色与添加边框效果等，以达到突出显示的目的。

1. 形状美化

形状美化主要是设置重点对象不同于其他对象的填充色和边框色等，如图 6-171 和图 6-172 所示。

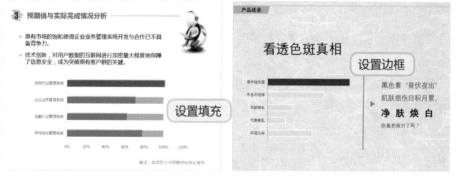

图 6-171 设置填充　　　　　　　图 6-172 设置边框

2. 重点对象抽离

对于特殊的饼图，还可以实现将其重点部分抽离出来加以突出，如图 6-173 所示。

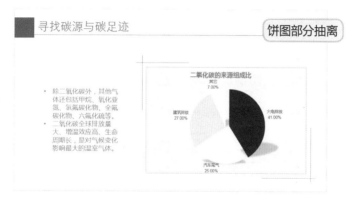

图 6-173 重点部分抽离

如图 6-174 所示的柱形图，只选取部分数据并添加趋势线以突出数据之间的变化关系。

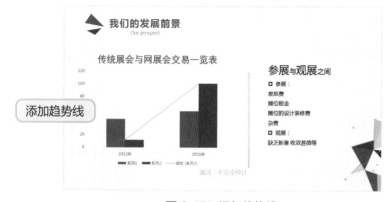

图 6-174 添加趋势线

28 将设计好的图表转化为图片

在幻灯片中创建图表并设置好效果后，可以将图表保存为图片，当其他地方需要使用时，则可直接插入转换后的图片来使用。

①选中图表并单击鼠标右键，在弹出的快捷菜单中单击"另存为图片"命令，如图6-175所示。

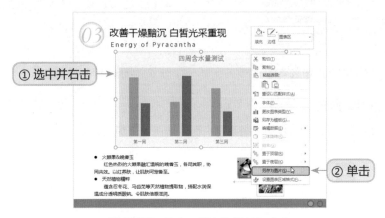

图 6-175 单击"另存为图片"命令

②打开"另存为图片"对话框，设置好图片保存位置与名称，单击"保存"按钮即可，如图6-176所示。

图 6-176 设置保存

29 复制使用 Excel 图表

如果幻灯片中想使用的图表在 Excel 中已经创建，则可以进入 Excel 程序中复制图表，然后直接粘贴到幻灯片中来使用。

①在 Excel 工作表中选中圆环图，按 Ctrl+C 组合键复制图表，如图 6-177 所示。

图 6-177 复制图表

② 切换到演示文稿中，按 Ctrl+V 组合键，然后单击"粘贴选项"的下拉按钮，在打开的下拉列表中单击"保留源格式与链接数据"选项，如图 6-178 所示。

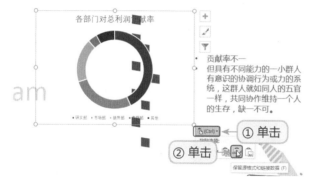

图 6-178 粘贴图表

③ 移动图表的位置即可达到如图 6-179 所示效果。

图 6-179 效果图

关于"粘贴选项"按钮中的几个功能按钮做以下说明:

- "使用目标主题和嵌入工作簿":让图表的外观使用当前幻灯片的主题,并将 Excel 程序嵌入到 PPT 程序中,以此方式粘贴后,双击表格即可进入 Excel 编辑状态,这会增加幻灯片体积,一般不建议使用。
- "保留源格式和嵌入工作簿" 让图表的外观保留源格式,并将 Excel 程序嵌入到 PPT 程序中,以此方式粘贴后,双击表格即可进入 Excel 编辑状态,这也会增加幻灯片体积,一般不建议使用。
- "使用目标主题与链接数据":让图表的外观使用当前幻灯片的主题,并保持图表与 Excel 中的图表相链接。直接进行复制时的默认项。
- "保留源格式与链接数据":让图表的外观保留源格式,并保持图表与 Excel 中的图表相链接。
- "图片":即将图表直接转换为图片插入到幻灯片中。

第 **7** 章

多媒体应用及动画效果实现

7.1 插入声音与视频对象

01 营造背景音乐循环播放效果

在制作 PPT 时，根据设计需要，有些幻灯片需要使用音频文件。此时可以将音频文件准备好存放到计算机中，然后将音频文件添加到幻灯片中，如图 7-1 所示。默认添加的音频，需要单击鼠标才能播放，再次单击鼠标则停止播放。如果是浏览型的幻灯片，为了渲染气氛，还可以设置背景音乐循环播放的效果。

图 7-1 向幻灯片中插入音频

❶ 选中目标幻灯片，在"插入"选项卡的"媒体"组中单击"音频"下拉按钮，在弹出的下拉菜单中单击"PC 上的音频"命令（如图 7-2 所示），打开"插入音频"对话框，找到音频文件的存放位置，如图 7-3 所示。

图 7-2 单击"PC 上的音频"

图 7-3 选中音频文件

②单击"插入"按钮，即可将录制的声音添加到指定的幻灯片中，如图7-4所示。

图7-4 插入音频

③选中幻灯片插入音频后显示的小喇叭图标，将其移动到幻灯片合适的位置。在"音频工具-播放"选项卡的"音频选项"组中选中"循环播放，直到停止"复选框，如图7-5所示。

图7-5 设置循环播放效果

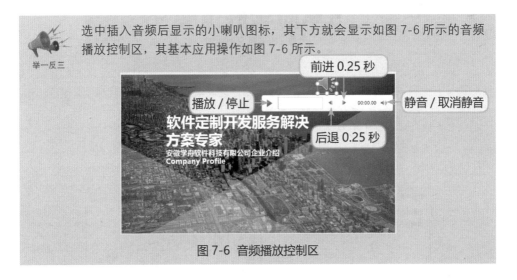

图7-6 音频播放控制区

02 设置音乐播放时淡入淡出的效果

插入的音频开头或结尾有时过于高潮化，影响整体播放效果，可以将其设置为淡入淡出的播放效果，这种设置比较符合人们缓进缓出的听觉习惯。

①选中插入音频后显示的小喇叭图标，在"音频工具-播放"选项卡的"编辑"组中，在"淡化持续时间"项下的"淡入"和"淡出"文本框中输入淡入淡出时间或者通过右侧的微调按钮"⦂"来选择时间，如图7-7所示。

图 7-7 初始设置

② 如图 7-8 所示，根据实际情况设置淡入淡出时间。

图 7-8 设置淡入淡出时间

在制作 PPT 时，也可以将录制的声音添加到幻灯片中，如图 7-9 所示。

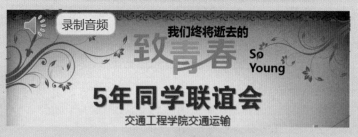

图 7-9 录制的音频

（1）选中幻灯片，在"插入"选项卡的"媒体"组中单击"音频"下拉按钮，在弹出的下拉菜单中选择"录制音频"命令，打开"录制声音"对话框。在"名称"文本框中输入"那些花儿"，如图 7-10 所示。

（2）单击"🎙录制"按钮后，即可使用麦克风进行录制，录制完成后单击"⏹停止"按钮，如图 7-11 所示。

图 7-10 开始录制　　　　　　　图 7-11 停止录制

03 插入视频文件

如果需要在 PPT 中插入影片文件，可以事先将文件下载到电脑上，再将其插入到幻灯片中，如图 7-12 所示为插入了视频到幻灯片中，单击即可播放。

图 7-12 插入视频文件

① 打开要插入视频文件的幻灯片，在"插入"选项卡的"媒体"组中单击"视频"下拉按钮，在下拉菜单中单击"PC 上的视频"命令（如图 7-13 所示），打开"插入视频文件"对话框，找到视频所在的路径并选中视频，如图 7-14 所示。

图 7-13 单击"PC 上的视频"命令

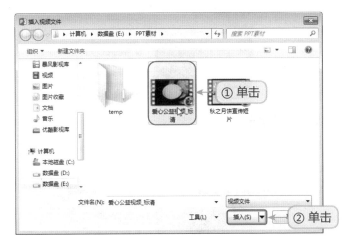

图 7-14 选择视频文件

② 单击"插入"按钮，即可将选中的视频插入到幻灯片中，拖动视频窗口到合适位置，如图 7-15 所示。

图 7-15 插入视频

 专家提示 PPT 对导入的视频格式要求很严格，不是什么格式都能播放，所以很多视频插入后无法正常播放，像 MP4、AVI、MLV 等。对于不能播放的视频格式，可以通过格式工厂进行转换，比如狸窝全能视频转换器，再插入到 PPT 就能播放了。

04 设置视频播放窗口的外观

在幻灯片中插入视频后，默认显示视频第一帧处的图像。如果不想让观众看到第一帧处的图像，可以重新设置其他图片来作为视频的封面，也可以将视频中指定帧处的图像作为视频的封面。如图 7-16 所示为视频文件第一帧的图像，如图 7-17 所示的幻灯片中设置了新的封面图片。

图 7-16 封面第一帧

图 7-17 重置海报帧

同时视频播放窗口的外观样式也可以重新设置。

1. 重设图片为封面

❶ 选中视频，在"视频工具 - 格式"选项卡的"调整"组中单击"海报帧"下拉按钮，在下拉菜单中单击"文件中的图像"命令，如图 7-18 所示。

图 7-18 单击"文件中的图像"

❷ 按照提示单击"浏览"按钮（如图 7-19 所示），打开"插入图片"对话框，找到要设置为海报帧的图片所在的路径并选中图片，如图 7-20 所示。

图 7-19 单击"浏览"按钮

图 7-20 选择图片文件

❸ 单击"插入"按钮，即可在视频上覆盖原有的图片。单击"播放"按钮，即可进入视频播放模式，这里的封面图片只是起到一个遮盖的作用。

2. 将视频中的重要场景设置为封面

如果视频中的某个场景适合用来作为封面，也可以进行快速设置，如图 7-21 所示。

图 7-21 以视频某个场景作为封面

① 播放视频，定格到需要的画面时，单击"暂停"按钮将画面定格，如图 7-22 所示。

图 7-22 视频播放到一定画面时单击"暂停"按钮

② 在"视频工具 - 格式"选项卡的"调整"组中单击"海报帧"命令下拉按钮，在展开的下拉菜单中单击"当前帧"命令（如图 7-23 所示），即可达到如图 7-21 所示的效果。

图 7-23 单击"当前帧"命令

3. 自定义视频的播放窗口外观

系统默认播放插入视频的窗口是长方形的，可以为其定制个性化的播放窗口。

① 选中视频，在"视频工具 - 格式"选项卡的"视频样式"组中单击"视频形状"下拉按钮，在下拉菜单中选择"多文档"图形，如图 7-24 所示。

图 7-24 选择视频形状

② 程序根据选择的形状自动更改视频的窗口为已经选择的外观形状，如图 7-25 所示。

图 7-25 应用视频形状

在幻灯片中，用户还可以根据需要为视频的播放窗口添加格式效果，如阴影、发光等，其设置方法与图片格式的设置方法相同。如图 7-26 所示，添加的视频的阴影效果使视频更具立体化。

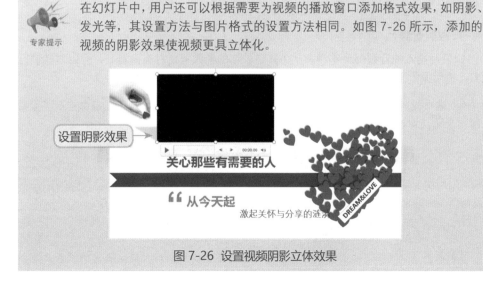

图 7-26 设置视频阴影立体效果

05 自定义视频的播放色彩

在放映演示文稿时，播放视频时是以彩色效果放映的，为了达到一些特殊的画面效果，还可以设置视频以黑白效果（或其他颜色）放映。

其方法为：选中视频，在"视频工具 - 格式"选项卡的"调整"组中单击"颜色"下拉按钮，在下拉菜单中单击"灰度"颜色选项，在播放幻灯片时视频即可以黑白效果放映，如图 7-27 所示。

图 7-27 设置画面色彩效果

专家提示 按照相同的方法还可以选择多种色彩来播放视频，以达到一些特殊的效果，例如旧电影的效果、朦胧效果等。

06 裁剪音频或视频

1. 裁剪音频

如果对插入的音频部分不满意（尤其是录制的音频可能存在杂音），可以对其进行裁剪，然后保留整个音频中有用的部分。

① 选中插入的音频文件，在"音频工具 - 播放"选项卡的"编辑"组中单击"剪裁音频"按钮（如图 7-28 所示），打开"剪裁音频"对话框。

图 7-28 单击"剪裁音频"按钮

② 单击 "" 按钮试听音频，接着拖动进度条上的两个标尺确定裁剪的位置，两个标尺中间的部分是保留部分，其他部分会被裁剪掉，如图 7-29 所示。

图 7-29 对音频进行裁剪

③ 裁剪完成后，再次单击"播放"按钮试听截取的声音，如果截取声音不符合要求，可以再按相同的方法进行裁剪。

④ 确定了裁剪的位置后，单击"确定"按钮即可完成对音频的裁剪。

2. 裁剪视频

对插入视频不适宜播放的部分，也可以对其进行裁剪，只播放有效部分的视频。

① 选中插入的视频，在"视频工具 - 播放"选项卡的"编辑"组中单击"剪裁视频"按钮（如图 7-30 所示），打开"剪裁视频"对话框。

② 单击"▶"按钮和预览视频，接着拖动进度条上的两个标尺可以确定视频的裁剪位置，两个标尺中间的部分是保留部分，其他部分会被裁剪掉，如图 7-31 所示。

图 7-30 单击"剪裁视频"按钮

图 7-31 对视频进行裁剪

③ 裁剪完成后，再次单击"播放"按钮预览裁剪的视频，如果不符合要求，可以再按相同的方法进行裁剪。

④ 确定了裁剪的位置后，单击"确定"按钮即可完成对视频的裁剪。

专家提示　在截取音频后，如果想恢复原有音频的长度，可以按照相同的方法打开"裁剪音频"对话框，使用鼠标将两个标尺拖至进度条两端即可。

7.2 切片动画与对象动画

07 动画的设计原则

PowerPoint 2016 提供了许多预定义的动画效果。很明显，相较于一些静态的呈现，有着更高的表现力，但是动画的应用是有原则的。

1. 全篇动作要顺序自然

所谓全篇动作要顺序自然，即文字、图形元素柔和地出现，而任何动作都是有原因的，任何动作与前后动作、周围动作都是有关联的。为使幻灯片内容有条理、清晰地展现给观众，一般都是遵循从上到下、一条一条按顺序出现的原则。

以下面演示文稿中的一张幻灯片为例，来了解一下动画的自然顺序性。

其中，"目录"文本底部形状先出现，接着目录文字及英文文字采用"空翻"形式出现，再接着其他修饰性小图形采用"缩放"形式出现，这样设计的目的就是保证各元素能够自然而又有条理地出现，如组图 7-32 所示。

图 7-32 动画效果

下面的目录按条目逐条从底部浮入，过渡自然，向观众有条理地呈现内容，如组图 7-33 所示。

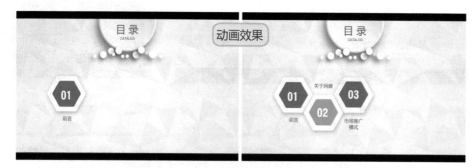

图 7-33 动画效果

2. 重点用动画强调

幻灯片中有需要重点强调的内容时，动画就可以发挥很大的作用。使用动画可以吸引大家的注意力，达到强调的效果。其实，PPT 动画的初衷在于强调，用片头动画吸引观众的视线;用逻辑动画引导观众的思路;用生动的情景动画调动观众的热情;在关键处,用夸张的动画引起观众的重视。所以,在制作动画时,要强调应该强调的,突出应该突出的。如组图 7-34 所示。

其中,右上方图片下浮,延迟几秒文本从左侧飞入,然后设置文本标题为波浪形强调效果,此时可做文本的解说;一段时间后左下方图片上浮,文本从右侧飞入,图片与文本说明——对应。整个过程有条不紊,依旧设置文本标题为波浪形强调效果。如果不采用动画效果层层递进,观众在观看时就觉得有些杂乱,不知从何看起。

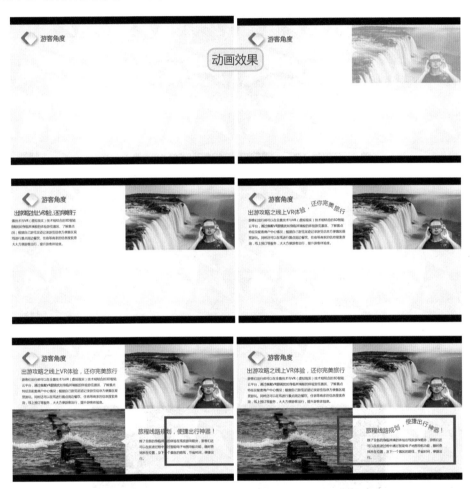

图 7-34 动画效果

08 为幻灯片添加切片动画

在放映幻灯片时,当前一张放映结束并进入下一张放映时,可以设置不同的切换方式。PowerPoint 2016 中提供了非常多的切片效果以供使用。页面切换动画主要是为了缓解幻灯片页面之间转换时的单调感而设计的,应用这一功能能够使幻灯片放映时比传统幻灯片放映生动了许多。

放映幻灯片的过程中，可以根据实际需要选择合适的切片动画。切片动画类型主要包括细微型、华丽型及动态内容。

1. 为幻灯片添加切片动画

① 选中要设置切片动画的幻灯片，在"切换"选项卡的"切换到此幻灯片"组中单击"⇩"按钮（如图 7-35 所示），在下拉菜单中选择切换效果，本例中选择"形状"，如图 7-36 所示。

图 7-35 单击"⇩"按钮

图 7-36 选择动画效果

② 设置完成后，当在播放幻灯片时即可在幻灯片间切换时使用切换效果，如图 7-37 和图 7-38 所示分别为"形状"和"剥离"切片效果。

图 7-37 "形状"切片效果

图 7-38 "剥离"切片效果

2. 切片效果的统一设置

在设置好某一张幻灯片的切换效果后，为了省去逐一设置的麻烦，用户可以将幻灯片的切换效果一次性应用到所有幻灯片中。

其方法为：设置好幻灯片的切片效果之后，单击"切换"选项卡的"切换到此幻灯片"组中的"推进"按钮，并在"计时"组中单击"全部应用"按钮（如图 7-39 所示），即可同时设置全部幻灯片的切片效果。

图 7-39 选中动画效果单击"全部应用"按钮

3. 自定义切片动画的持续时间

为幻灯片添加了切片动画后，一般默认时间是 01:00 秒，这个切换的速度是比较快的。切片动画的速度是可以改变的，而且根据不同的切换效果应当选择不同的持续时间。

❶ 设置好幻灯片的切片效果之后，在"切换"选项卡的"计时"组中的"持续时间"文本框里可以看到默认持续时间，如图 7-40 所示。

图 7-40 初始切片动画持续时间

② 此时可以根据每张幻灯片切换效果的不同来设置不同的持续时间。在左侧缩略图中选中目标幻灯片，然后通过"持续时间"文本框设置持续时间，如图 7-41 所示。

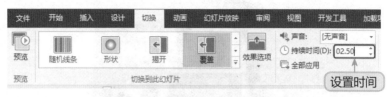

图 7-41 设置切片动画持续时间

如果为所有的幻灯片都设置了切换效果，可是有些幻灯片之间又不需要设置切片动画，则也可以局部清除。

举一反三　选择不需要设置动画的两张幻灯片，在"切换到此幻灯片"组中单击"无"按钮（如图 7-42 所示），即可将两张幻灯片之间的切换动画删除。

图 7-42 删除切片动画操作

若是要一次性全部清除切片动画，需要单击"视图"选项卡的"演示文稿视图"组中的"幻灯片浏览"按钮，按住 Ctrl+A 组合键，选中所有幻灯片，单击"切换"选项卡的"切换到此幻灯片"组中的"其他"按钮，在打开的下拉列表中选择"无"选项，即可取消幻灯片所有的切换效果。

09 为目标对象添加动画效果

当为幻灯片添加动画效果后，会在加入的效果旁用数字标识出来。如图 7-43 所示，即为圆形添加了动画效果。

图 7-43 添加动画

① 选中要设置动画的圆形图形对象，在"动画"选项卡的"动画"组中单击"⇲"按钮（如图 7-44 所示），在其下拉菜单的"进入"区域中单击"飞入"动画样式（如图 7-45 所示），即可为图形添加"飞入"的动画效果。

图 7-44 单击"⇲"按钮

图 7-45 选择动画

② 在"预览"组中单击"预览"按钮，可以自动演示动画效果。
③ 按照同样的操作方法可以为其他图形添加动画效果。

241

从"动画"下拉菜单中可以看到不仅有"进入"动画，还有"强调"动画、"退出"动画，这些效果都可以选用。除了菜单中的效果外，还可以单击"更多进入效果"命令（如图7-46所示），打开"更多进入效果"对话框，即可查看并应用更多的动画样式，如图7-47所示。

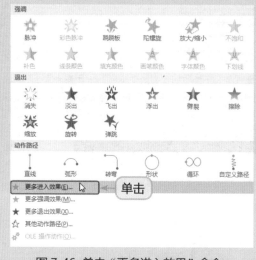

图 7-46 单击"更多进入效果"命令　　图 7-47 "更多进入效果"对话框

10 对单一对象指定多种动画效果

　　需要重点突出显示的对象，可以对其设置多个动画效果，这样可以达到更好的表达效果。如图7-48所示，即为图片设置了"浮入"的进入效果和"波浪形"强调效果，对象前面有两个动画编号。

图 7-48 添加多种动画

① 选中文本，在"动画"选项卡的"动画"组中单击"▾"按钮，在其下拉菜单的"进入"区域中选中"浮入"的动画样式，如图 7-49 所示。

② 此时文字前出现一个"1"，在"动画"选项卡的"高级动画"组中单击"添加动画"下拉按钮，在其下拉菜单的"强调"区域中选中"波浪形"动画样式，如图 7-50 所示。

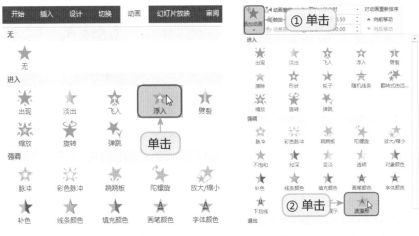

图 7-49 添加动画　　　　　图 7-50 再添加动画

③ 单击"确定"按钮，即可为文字添加两种动画效果。单击"预览"按钮，即可预览动画，如组图 7-51 所示。

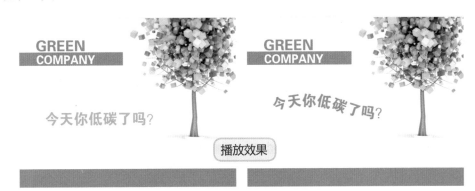

图 7-51 动画播放效果

为对象添加动画效果时，不仅能添加"进入"和"强调"两种效果，还可以同时为对象添加"退出"效果。

专家提示

11 饼图的轮子动画

PPT 中每个动画都要有其设置的必要性，可以根据对象的特点完成设置，比如为饼图设置轮子动画正是符合了饼图的特征。

①选中饼图，在"动画"选项卡的"动画"组中单击"￦"按钮，在其下拉菜单"进入"区域中单击"轮子"动画样式（如图 7-52 所示），即可为饼图添加"轮子"动画效果。

图 7-52 选择动画

②执行上述操作后，饼图是作为一个对象旋转进入，如组图 7-53 所示。

图 7-53 动画播放效果

③选中饼图，单击"动画"选项卡的"动画"组中"效果选项"的下拉按钮，在下拉菜单中选择"按类别"命令（如图 7-54 所示），即可实现单个扇面逐个进行轮子动画的效果，如组图 7-55 所示。

图 7-54 设置播放效果

图 7-55　动画播放效果

12 柱形图的逐一擦除式动画

根据柱形图中各柱子代表着不同的数据系列，可以为柱形图制作逐一擦除式动画效果，从而引导观众对图表进行理解。

① 选中图形，在"动画"选项卡的"动画"组中单击"⥥"按钮，在其下拉菜单"进入"区域中单击"擦除"动画样式，如图 7-56 所示。

图 7-56　选择动画

② 执行上述操作后，此时图表是作为一个完整对象进行动画播放，如组图 7-57 所示。

③ 选中图形，单击"动画"选项卡的"动画"组中"效果选项"的下拉按钮，在下拉菜单中选择"自底部"命令，再选择"按系列"命令（如图 7-58 所示），即可实现按系列进行逐个擦除的动画效果，播放效果如组图 7-59 所示。

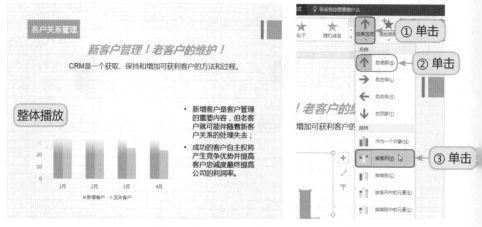

图 7-57 动画播放效果　　　　　图 7-58 设置播放效果

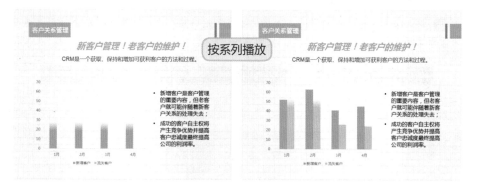

图 7-59 动画播放效果

SmartArt 图形不同于简单的图形或文本，它具有层次性或逻辑性，可以为其设置逐一出现的动画效果，从而吸引观众视线，如组图 7-60 所示。

举一反三

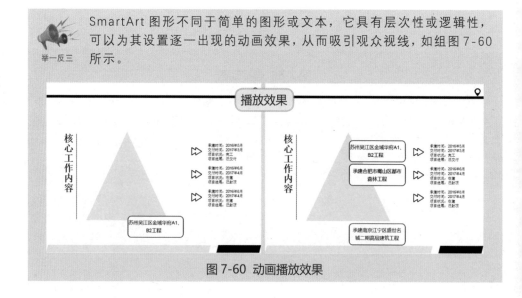

图 7-60 动画播放效果

其方法为：选中设置动画的图形，单击"动画"选项卡的"动画"组中"效果选项"的下拉按钮，在其下拉菜单中单击"逐个"命令（如图7-61所示），即可以为图形设置逐一出现动画效果。

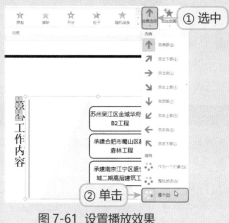

图7-61 设置播放效果

13 动画播放时间的控制

在播放动画时，播放顺序为按添加动画的顺序依次进行播放，单击一次鼠标进入下一动画。除了这种默认效果外，还可以对动画的开始时间、持续时间、延迟时间进行设置。这些设置都是为了让幻灯片动画的播放效果更佳，更符合当前播放的需要。

1. 控制动画的开始时间

在播放动画时，只有单击一次鼠标才进入下一动画。如果希望一个动画播放后能自动进入下一个动画，需要重新设置。如图7-62所示为默认的开始时间，即"单击时"。

图7-62 默认开始时间为"单击时"

其方法为：选中需要调整动画开始时间的对象（如图7-63所示），在"动画"选项卡"计时"组的"开始"下拉列表框中选择"上一动画之后"选项，如图7-64所示。此时可以看到两个动画的编号变为相同，如图7-65所示。

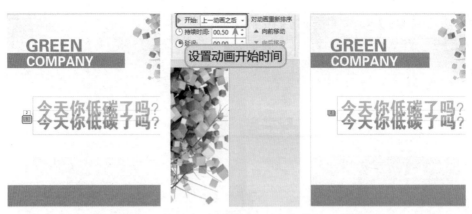

图 7-63 选中动画序号　　　图 7-64 设置动画开始时间　　　图 7-65 统一标记

专家提示　如果一张幻灯片中应用了多个动画，并且所有的动画都想设置让它们能自动播放，而不需要手工单击，则打开"动画窗格"，在列表中一次性选中动画，然后将"开始"时间设置为"上一动画之后"选项。

2. 控制动画的播放时间

为对象添加动画后，默认播放速度都很快，通过设置动画的播放时间可以让动作慢一些。

其方法为：选中需要调节的动画，在"动画"选项卡的"计时"组中，在"持续时间"的文本框里通过上下微调按钮调节此动画的播放时间，如图 7-66 所示。时间越长，速度越慢。

图 7-66 调节动画播放时间

3. 延迟播放下一动画

延迟时间指的是上一个动画播放完成后，等待一会儿再进入下一个动画，这个等待的时间就是延迟时间，这个时间可以自定义设置。

其方法为：选中对象，在"动画"选项卡的"计时"组中的"延迟"文本框里通过上下微调按钮调节时间，如图 7-67 所示。

好用·PPT演示高手

图 7-67 设置延迟时间

14 让某个对象始终是运动的

在播放动画时，动画播放一次后就会停止，如果想为了突出幻灯片中的某个对象，可以设置让其始终保持运动状态。例如本例要设置的标题始终保持动画的效果。

① 选中目标对象，如果未添加动画，可以先添加动画。本例中已经设置了标题为"基本旋转"动画。

② 在"动画窗格"中单击动画右侧的下拉按钮，在下拉菜单中选择"效果选项"命令，打开"基本旋转"对话框，如图 7-68 所示。

③ 单击"计时"标签，在"重复"下拉列表框中单击"直到幻灯片末尾"选项，如图 7-69 所示。

图 7-68 单击"效果选项"　　　图 7-69 设置动画重复播放

④ 单击"确定"按钮，当在幻灯片放映时文字会一直重复"基本旋转"的动画效果，直到这张幻灯片放映结束。

15 播放动画时让文字按字、词显示

在为一段文字添加动画后，系统默认是将一段文字作为一个整体来播放，即在动画播放时整段文字同时出现（如图 7-70 所示）。通过设置可以实现让文字按字、词方式播放，效果如图 7-71 所示。

图 7-70 整段播放　　　　　　　图 7-71 按字 / 词播放效果

❶ 选中已设置动画的对象，在"动画"选项卡的"高级动画"组中单击"动画窗格"按钮（如图 7-72 所示），打开"动画窗格"右侧窗格，然后单击动画右侧的下拉按钮，在下拉菜单中选择"效果选项"命令，如图 7-73 所示。

图 7-72　单击"动画窗格"按钮

❷ 打开"上浮"对话框，在"动画文本"下拉列表框中选择"按字 / 词"选项，如图 7-74 所示。

图 7-73 单击"效果选项"命令　　　图 7-74 设置"按字词播放"

❸ 单击"确定"按钮，返回幻灯片中，即可在播放动画时文字按字 / 词方式来显示。

第8章

演示文稿的放映及输出

8.1 演示文稿的放映

01 设置幻灯片自动放映时间

在放映演示文稿时，如果是人工放映，一般都是单击一次鼠标才进入下一幻灯片的放映。如果不采用鼠标单击的方式，可以设置幻灯片在指定时间后就自动切换至下一张幻灯片，这种方式适合对浏览型幻灯片的自动放映。

① 打开演示文稿，选中第一张幻灯片，在"切换"选项卡的"计时"组中选中"设置自动换片时间"复选框，单击右侧文本框的微调按钮设置换片时间，如图 8-1 所示。

图 8-1 设置换片时间

② 设置好换片时间后，在"计时"组中单击"全部应用"按钮（如图 8-2 所示），即可快速为整个演示文稿设置相同的换片时间。

图 8-2 单击"全部应用"

专家提示

值的注意的是在单击"全部应用"按钮时，程序默认对所设置的切换效果和持续时间统一应用到所有幻灯片中。如果想要实现不同的幻灯片以不同的播放时间进行放映，就需要单独进行设置。在设置完任意一张幻灯片的播放时间后，可以按以上相同的操作方法设置下一张幻灯片播放时间。

02 幻灯片的排练计时

根据幻灯片内容长度的不同，如果对幻灯片播放时间无法精确控制，就可以通过排练计时来自由设置播放时间。排练时间就是在幻灯片放映前预先放映一次，而在预先放映的过程中，程序记录下每张幻灯片的播放时间，在设置无人放映时就可以让幻灯自动以这个排练的时间来自动放映。

如图 8-3 所示即为演示文稿设置了排练计时（每张幻灯片下显示了各自的播放时间，为方便显示，只给出部分幻灯片）。

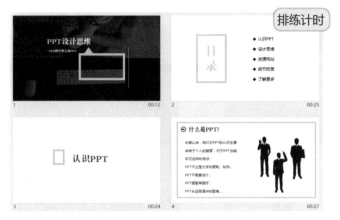

图 8-3　排练计时

① 切换到第一张幻灯片，在"幻灯片放映"选项卡的"设置"组中单击"排练计时"按钮（如图 8-4 所示），此时会切换到幻灯片的放映状态，并在屏幕左上角出现一个"录制"对话框，其中显示出时间，如图 8-5 所示。

图 8-4　单击"排练计时"按钮

图 8-5　开始计时

② 当时间达到预定的时间后，单击"下一项"按钮，即可切换到下一个动作（如果幻灯片添加了动画、音频、视频等则会包含多个动作）或者下一张幻灯片。开始对下一项进行计时，并在右侧显示总计时，如图 8-6 所示。

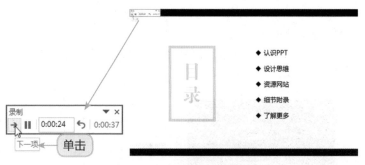

图 8-6 单击"下一项"按钮

③ 依次单击"下一项"按钮,直到幻灯片排练计时结束,按 Esc 键退出播放,系统自动弹出提示,询问是否保留此次幻灯片的排练时间,如图 8-7 所示。

图 8-7 提示框

④ 单击"是"按钮,演示文稿自动切换到幻灯片浏览视图,显示出每张幻灯片的排练时间。

完成上述设置后,进行幻灯片放映时,即可按照排练设置的时间自动进行播放,而无须使用鼠标单击来放映幻灯片。

> 举一反三
>
> 如果不再需要演示文稿中设置的排练时间,可以将其删除。方法如下。
> 在"幻灯片放映"选项卡的"设置"组中单击"录制幻灯片演示"下拉按钮,在下拉菜单中单击"清除"→"清除所有幻灯片中的计时"命令(如图 8-8 所示),即可清除添加的排练计时。

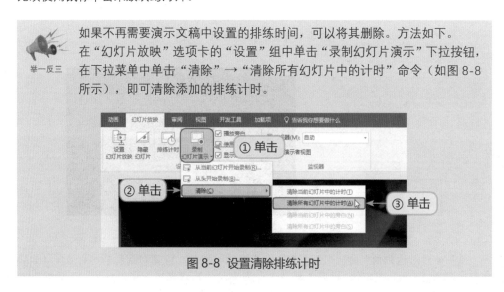

图 8-8 设置清除排练计时

设置排练计时实现幻灯片自动放映与幻灯片自动切片实现自动放映的区别主要在于排练计时是以一个对象为单位的，例如幻灯片中的一个动画、一个音频等都是一个对象，可以分别设置它们的播放时间。而自动切片是以一张幻灯片为单位，例如设置的切片时间为 1 分钟，那么一张幻灯中的所有对象的动作都要在这 1 分钟内完成。

03 只播放部分幻灯片

如果一个完整的幻灯片并不需要全部播放，而只是想播放其中的一部分，则需要通过"隐藏幻灯片"的功能达到这种效果，或者在放映前先使用"自定义放映"功能将想放映的幻灯片添加到自定义放映列表中。

1.隐藏幻灯片

① 在幻灯片窗格中选中需要隐藏的幻灯片，然后单击鼠标右键，在弹出的快捷菜单中选择"隐藏幻灯片"命令，如图 8-9 所示。

② 执行该命令后，被隐藏的幻灯片编号前会添加一个"\"标记，如"🖻"，如图 8-10 所示。被隐藏的幻灯片将不参与放映。

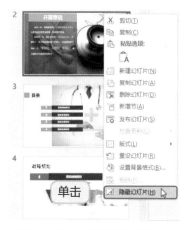

图 8-9 单击"隐藏幻灯片"命令

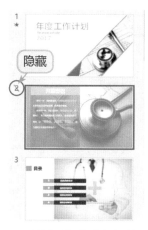

图 8-10 隐藏幻灯片

 如果想一次性隐藏多张幻灯片，则可以按住 Ctrl 键，用鼠标依次选中多张需要隐藏的幻灯片，然后在"幻灯片放映"选项卡的"隐藏"组中单击"隐藏幻灯片"按钮即可实现幻灯片的一次性隐藏，如图 8-11 所示。

图 8-11 隐藏多张幻灯片

第 1 章

第 2 章

第 3 章

第 4 章

第 5 章

第 6 章

第 7 章

第 8 章 演示文稿的放映及输出

2. 创建自定义放映列表

❶ 在"幻灯片放映"选项卡的"开始放映幻灯片"组中单击"自定义幻灯片放映"下拉按钮，在下拉菜单中单击"自定义放映"命令（如图 8-12 所示），打开"自定义放映"对话框。

❷ 单击"新建"按钮（如图 8-13 所示），打开"定义自定义放映"对话框。在"幻灯片放映名称"文本框中输入名称"工作报告"，在"在演示文稿中的幻灯片"列表框中选中要放映的第一张幻灯片，如图 8-14 所示。

图 8-12 单击"自定义放映"

图 8-13 单击"新建"按钮

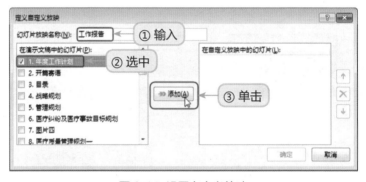

图 8-14 设置自定义放映

❸ 单击"添加"按钮，将其添加到右侧的"在自定义放映中的幻灯片"列表框中。按照相同的方法，依次添加其他幻灯片到"在自定义放映中的幻灯片"列表框中，如图 8-15 所示。

图 8-15 自定义放映的幻灯片

④ 添加完成后，依次单击"确定"按钮，"工作报告"这个自定义放映列表则建立完成。

⑤ 在放映幻灯片时，如果需要放映这个列表，则再次打开"自定义放映"对话框，选中名称，单击"放映"按钮，即可实现放映。

如果已经设置了自定义放映，由于实际情况发生变化，又需要重新定义放映列表，且需要重新定义的放映列表与之前定义的放映列表有只有个别地方不同，此时可以复制之前定义的放映列表，然后再做修改。

（1）打开"自定义放映"对话框，选中之前定义的自定义放映，单击"复制"按钮（如图 8-16 所示），得到"（复制）工作报告"，如图 8-17 所示。

图 8-16 复制文件

图 8-17 单击"编辑"按钮

（2）选中复制的自定义放映，单击"编辑"按钮，打开"定义自定义放映"对话框。在"幻灯片放映名称"文本框中输入名称为"工作报告 2"，然后按相同的方法重新调整需要自定义放映的幻灯片，或单击"☑"按钮调整放映的顺序，如图 8-18 所示。

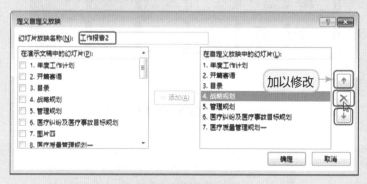

图 8-18 编辑文件

04 放映时任意切换到其他幻灯片

在放映幻灯片时，是按顺序依次播放每张幻灯片的，如果在播放过程中需要跳转到某张幻灯片，可以按如下操作来实现。

① 在播放幻灯片时，单击鼠标右键，在弹出的快捷菜单中单击"查看所有幻灯片"命令，如图 8-19 所示。

图 8-19 单击"查看所有幻灯片"命令

② 此时进入幻灯片浏览视图状态，选择需要切换到的幻灯片（如图 8-20 所示），单击即可实现切换，如图 8-21 所示。

图 8-20 选择查看的幻灯片

图 8-21 切换到此幻灯片

当在放映演示文稿的过程中需要讲解时，还可以将鼠标指针变成笔的形状，在幻灯片上直接画线做标记。

① 进入幻灯片放映状态，在屏幕上单击鼠标右键，在弹出的快捷菜单中选择"指针选项"→"笔"命令，如图 8-22 所示。

图 8-22 单击"笔"命令

② 此时鼠标指针变成一个红点，拖动鼠标即可在屏幕上留下标记，如图 8-23 所示。

图 8-23 进行标记

保留墨迹。

（1）按 Esc 键退出演示文稿放映时，系统会弹出一个提示框，提示是否保留墨迹，如图 8-24 所示。

（2）单击"保留"按钮，返回到演示文稿中，即可看到保留的墨迹（如图 8-25 所示），此时的墨迹是以图形式存在的，如果不想要了，还可以按 Delete 键进行清除。

图 8-24 提示框

图 8-25 图形形式

在放映幻灯片时，可以选择笔、荧光笔和激光指针三种方法显示鼠标指针，用户可以根据需要进行选择；还可以根据幻灯片的色调区选择不同的笔颜色，如图 8-26 所示。

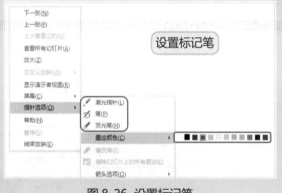

图 8-26 设置标记笔

06 放映时放大局部内容

在 PPT 放映时，可能会有部分文字或图片较小的情况，此时在放映时可以通过局部放大 PPT 中的某些区域，使内容被放大而清晰地呈现在观众面前。

❶ 进入幻灯片的放映状态，在屏幕上单击鼠标右键，在弹出的快捷菜单中单击"放大"命令，如图 8-27 所示。

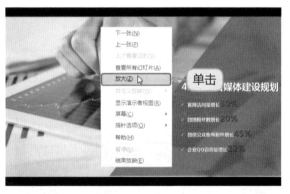

图 8-27 单击"放大"命令

② 此时幻灯片编辑区鼠标指针变为一个放大镜的图标，鼠标指针周围是一个矩形的区域，其他部分则是灰色，矩形所覆盖的区域就是即将放大的区域，将鼠标指针移至要放大的位置后，单击一下即可放大该区域，如图 8-28 所示。

③ 放大之后，矩形覆盖的区域占据了整个屏幕，这样就实现了局部内容被放大，如图 8-29 所示。

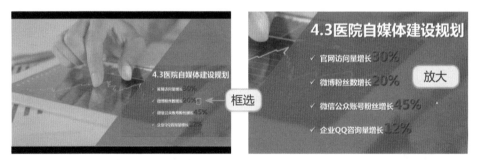

图 8-28 框选放大区域   图 8-29 放大区域

除了以上的方法外，还可以将鼠标指针移至屏幕左下角，显示出一排按钮，单击其中的放大镜图标，也可实现放大，如图 8-30 所示。内容被放大之后，单击鼠标右键即可恢复到原始状态。

举一反三

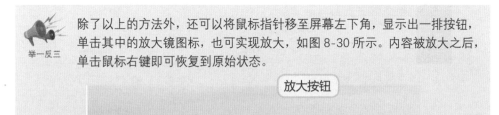

图 8-30 放大按钮

在制作完成 PPT 过后，可以邀请其他人对演示文稿进行同步查看以及进行演示文稿放映设置的交流。通过使用 Office Presentation Service 可以实现 PowerPoint 放映演示文稿的同步查看。Office Presentation Service 是一项免费的公共服务，在进行联机演示后就会创建一个链接，其他人可以通过此链接在 Web 浏览器中同步观看演示，如图 8-31 所示。

图 8-31 远程共享

① 打开目标演示文稿，单击"文件"选项卡，在窗口中单击"共享"选项，在右侧单击"联机演示"选项，再单击"联机演示"按钮，如图 8-32 所示。

② 打开"联机演示"提示框，在"联机演示"文本框中出现一个链接地址。单击"复制链接"按钮，就可以将链接地址分享给其他人在远程查看（如图 8-33 所示）。当你在播放幻灯片的同时，其他人在浏览器上输入链接地址，也可以在网页上同时观看演示文稿的演示。

图 8-32 窗口操作　　　　　　　　图 8-33 输入链接

8.2 演示文稿的输出

PowerPoint 2016 中自带了快速将演示文稿保存为图片的功能，即将设计好的每张幻灯片都转换成一张图片。如图 8-34 所示，即为将演示文稿保存为图片后的效果。转换后的图片可以像普通图片一样使用，并且使用起来也很方便。

图 8-34 转换为图片

① 打开目标演示文稿，单击"文件"选项卡，在窗口中单击"导出"选项，在右侧单击"更改文件类型"选项，然后在右侧选择"JPEG 文件交换格式"，单击"另存为"按钮，如图 8-35 所示。

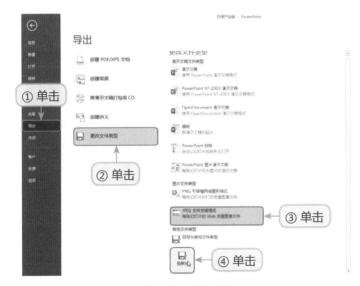

图 8-35 窗口操作

② 打开"另存为"对话框，设置文件的保存路径与保存名称，如图 8-36 所示。

③ 单击"保存"按钮，弹出"Microsoft PowerPoint"对话框（如图 8-37 所示），按照提示单击"所有幻灯片"按钮，导出成功后弹出如图 8-38 所示的提示，即可将演示文稿幻灯片导出为图片格式。

图 8-36 设置保存

图 8-37 提示框 　　　　　　　　 图 8-38 提示框

09 将设计好的演示文稿打包成 CD

许多用户都有过这样的经历，在自己电脑中放映顺利的演示文稿，当复制到其他电脑中进行播放时，原来插入的声音和视频都不能播放了，或者字体也不能正常显示了。要解决这样的问题，可以使用 PowerPoint 2016 的打包功能，将演示文稿中用到的素材都打包到一个文件夹中。打包后的文件无论拿到什么地方放映都可正常显示与播放。

① 打开目标演示文稿，单击"文件"选项卡，在窗口中单击"导出"选项，在右侧单击"将演示文稿打包成 CD"选项，然后单击"打包成 CD"按钮（如图 8-39 所示），打开"打包成 CD"对话框。

图 8-39 窗口操作

② 单击"复制到文件夹"按钮（如图 8-40 所示），打开"复制到文件夹"对话框，在"文件夹名称"文本框中输入名称，在"位置"文本框中设置好保存路径，可以单击右侧的"浏览"按钮进行路径的选择，如图 8-41 所示。

图 8-40 单击"复制到文件夹"按钮

图 8-41 设置保存

③ 单击"确定"按钮，弹出提示框询问是否要在包中包含链接文件，如图 8-42 所示。

图 8-42 提示框

④ 单击"是"按钮，即可开始进行打包。打包完成后，进入保存文件夹中，可以看到除了包含一个演示文稿外，还包含着其他的内容，如图 8-43 所示。

图 8-43 转换为 CD

演示文稿编辑完成以后，就可以根据实际需要将其保存为 PDF 文件。PDF 文件具有以下几项优点。

- 任何支持 pdf 的设备都可以打开，排版和样式不会乱。
- 能够嵌入字体，不会因为找不到字体而显示得乱七八糟。
- 文件体积小，方便网络传输。
- 支持矢量图形，放大缩小不影响清晰度。

正因为以上的一些优点，因此可以将制作好的演示文稿转换为 PDF 文件，以方便查看与传阅。

如图 8-44 所示是在查看 PDF 文件的状态。PDF 由 Adobe 公司开发，要打开 PDF 文件必须确保计算机安装了相关程序。

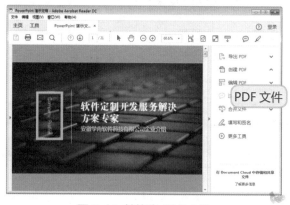

图 8-44 转换为 PDF 文件

① 打开目标演示文稿，单击"文件"选项卡，在窗口中单击"导出"选项，在右侧单击"创建 PDF/XPS 文档"选项，然后单击"创建 PDF/XPS"按钮，如图 8-45 所示。

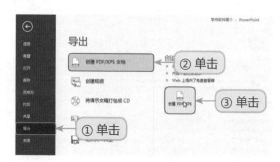

图 8-45 窗口操作

② 打开"发布为 PDF 或 XPS"对话框，设置 PDF 文件保存的路径，如图 8-46 所示。

好用，PPT 演示高手

图 8-46 设置保存

③ 单击"发布"按钮，系统弹出对话框，提示正在发布，如图 8-47 所示。发布完成后，即可将演示文稿保存为 PDF 格式。

图 8-47 提示框

举一反三

可以根据需要选择部分幻灯片将其发布为 PDF 文件。

将演示文稿发布成 PDF/XPS 文档时，可以有选择地选取需要发布的幻灯片。其方法为：在"发布为 PDF 或 XPS"对话框中单击"选项"按钮，打开"选项"对话框，在"范围"栏中可以选择需要发布的幻灯片，如图 8-48 所示。

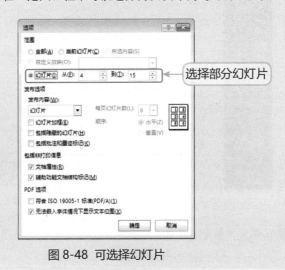

图 8-48 可选择幻灯片

第 1 章
第 2 章
第 3 章
第 4 章
第 5 章
第 6 章
第 7 章
第 8 章 演示文稿的放映及输出

将制作好的演示文稿转换为视频文件可以方便携带，也便于在特定的场合中观看。PowerPoint 程序自带了转换工具，可以很方便地进行转换操作。

如图 8-49 所示是正在使用暴风影音播放演示文稿，要达到这一效果需要将制作好的演示文稿保存为视频文件。

图 8-49 转换为视频文件

❶ 打开目标演示文稿，单击"文件"选项卡，在窗口中单击"导出"选项，在右侧单击"创建视频"选项，然后单击"创建视频"按钮（如图 8-50 所示），打开"另存为"对话框。

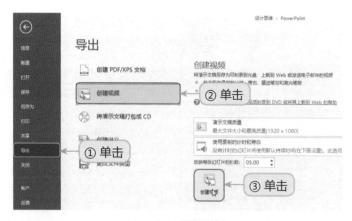

图 8-50 窗口操作

❷ 设置视频文件保存的路径与保存名称，如图 8-51 所示。

图 8-51 设置保存

③ 单击"保存"按钮，可以在演示文稿下方看到正在制作视频的提示（如图 8-52 所示）。制作完成后，找到保存路径（如图 8-53 所示），即可将演示文稿添加到视频播放软件中进行播放。

图 8-52 制作视频

图 8-53 完成制作

12 创建 PPT 讲义

讲义是指一页中包含 1 张、2 张、3 张、4 张、6 张或 9 张幻灯片，将讲义打印出来，可以方便演讲者使用，或提前分发到观众手中作为资料使用。

① 打开目标演示文稿，单击"文件"选项卡，单击"打印"选项，在右侧单击"整页幻灯片"右侧下拉按钮，在展开的设置菜单中选择合适的讲义打印选项，如图 8-54 所示。

图 8-54 窗口操作

② 设置完成后，单击"打印"按钮即可，设置不同打印版式会呈现不同的打印效果，如图 8-55 和图 8-56 所示分别为"3 张幻灯片"和"6 张水平放置的幻灯片"的效果。

图 8-55 PPT 讲义

图 8-56 PPT 讲义